河出文庫

『FMステーション』とエアチェックの80年代

僕らの音楽青春記

恩藏 茂

河出書房新社

目次

第2章 こちら『FMステーション』編集部
——後発FM雑誌のドタバタ奮闘記 55

第3章　FMと番組表とカセットテープ
――音楽をエアチェックする時代　109

第4章 『FMステーション』の黄金時代
——『ステーション』読者の思い出のために　145

はじめに――かつてエアチェックとFM雑誌の時代があった

およそ一九七〇年代から九〇年代にかけて、出版界には「FM雑誌」というジャンルがありました。そして、FMエアチェックがブームとなった七〇年代後半からのほぼ十年が、その全盛期でした。

もう二十年以上も前のことです。そのあとから音楽に興味を持った世代には、FM雑誌やエアチェック・ブームと言われてもピンとこないかもしれません。

エアチェックというのはカセットテープなどに番組を録音すること。人気ミュージシャンの新譜やライブなどをFM放送から録音するのが、若い人のあいだでブームになったことがあったのです。

FM雑誌は、二週間分のFMラジオの番組表と番組の内容紹介をメインに、エアチェックのための情報を提供する雑誌でした。形としてはTV雑誌に近いのですが、FM番組表には、その番組でオンエアされる曲名、アーティスト名、演奏時間などが、曲順ごとに並べられていました。エアチェック情報誌といってもいいでしょう。

加えて、人気ミュージシャンのインタビューや、流行の音楽の特集、エアチェックのノウハウ、オーディオ新製品の紹介や試聴記事なども掲載していました。その点では音楽雑誌でもあるし、オーディオ雑誌の要素も含まれている。だから、必ずしもFMリスナーでなくとも、好きなミュージシャンの情報を得るために、あるいはオーディオ選びの参考にするために買ってくれる読者がいてもおかしくはない。むしろ、中・高校生のような若い読者には、音楽専門誌やオーディオ専門誌よりも気軽に手にとることのできる雑誌でした。

FM雑誌の全盛期には、『FMｆａｎ』『週刊FM』『FMレコパル』『FMステーション』の四誌で百五十万部近い巨大な市場を形成していました。とくに『FMステーション』誌は、十代が読んでいる全ジャンルの雑誌ランキングのトップ5に入ったこともあります。ですが、それはまた、音楽メディアの一大転換期でもありました。それにともなって、ブームは急速に衰退しましたが、エアチェックに夢中だったことのある世代からは、それだけに、当時を懐かしむ声が時おり聞かれます。

FM雑誌にかかわっていたぼくも、当時の熱狂をある感慨とともに思い出すことがあります。あのころのことを語ったものがあってもいいのではないか――。そんな声に押されて、個人的な視点からではありますが、これから思い出すままにお話しすることにします。

時代はまず、一九八〇年にさかのぼります。

山口百恵が結婚のために引退して、入れ替わるように松田聖子がデビュー。ビートたけしの漫才コンビ「ツービート」が売れ出し、マンガ「Dr.スランプ」と「キン肉マン」が大人気となった、そんな年でした……。

『FMステーション』とエアチェックの80年代

——僕らの音楽青春記

第1章　FM放送が始まった

——エアチェック時代の前夜

エアチェックってなんですか？

「新雑誌だけれど、FM誌をやることにした」

「エフエム誌……というと、番組表が載っている、あの……」

「番組表の載ってないFM誌があるかい」

「オーディオ雑誌か音楽誌を出すとか言っていませんでしたか」

「そのつもりだったけど、発行部数を調べてみたら、音楽誌は全然売れていない。売れている雑誌でも十万部ちょっとだ。オーディオ誌に至ってはよくて五万部だから話にならない。そこへいくと、FM三誌は軒並み二十万部以上、いちばん部数の出ている『FMレコパル』は三十五万部くらい出ている」

深夜のファミレスで、ぼくはボスの話を聞いていた。へたなスナックに入ると、いまだにスペースインベーダー・ゲームをやっている客がいて、電子音がうるさくてかなわない。その点、ファミレスなら安心だ（そういうぼくも去年は夢中になってインベーダーを撃ち落としていたものだが）。

店内に流れているのはジョージ・ベンソンの「ブリージン」だ。そういえば、二年前にホノルルのレコード・ショップを見てまわったとき、どの店にもジョージ・ベンソンのライブ盤『ウィークエンド・イン・LA』がズラリと並べられていた。あのアルバムの邦題は『メローなロスの週末』。いまや何かといえば「ソフト&メロウ」だ。さもなければディスコ・サウンド……いや、しかし、FM雑誌がそんなに売れているなんて、不覚にもまったく知らなかった。

ことの経緯はこうである。

経済とビジネスの専門出版社だったダイヤモンド社が、ボスをはじめ外部から人を集めて若者向けの雑誌に進出することになり、新たな子会社をつくった。ぼくもそのスタッフの一人として加わって、自動車雑誌『カー・アンド・ドライバー』を創刊した。なんとかこの雑誌が軌道にのったので、続いて新雑誌第二弾を開発することになり、音楽関係の雑誌を考えてみようという話になっていたのだ。ぼくが音楽好きだったので、それなら、こいつにも使いみちがあるかもしれない、という思惑もあったらしい。

オーディオ誌を出すことはまずあり得ないだろうと思っていた。この会社で、そんなに地味で重厚かつマニアックな雑誌を出すわけがない。音楽誌だって、部数からしてボスが〝その気〟になるとは思えなかった。

ひと口に音楽雑誌といってもいろいろある。『ニューミュージック・マガジン』(いや、この年から『ミュージック・マガジン』に誌名変更したのだった)や『ロッキング・オン』みたいな〝こむずかしい〟雑誌はボスの頭にはないだろうし、といって『ヤング・ギター』や『新譜ジャーナル』『guts』のようなギター弾き語りのための楽譜をメインにしたニュー・ミュージック系雑誌も、もう衰退しつつある。一九五一年から続く老舗洋楽雑誌『ミュージック・ライフ』（前身の歌謡曲雑誌は一九三七年創刊）は、ベイ・シティ・ローラーズの人気絶頂期をピークに部数が落ちていると聞いている。そもそも、ぼくだって、もう三十歳という年齢のせいもあるが、めったに音楽誌を買うことはなくなった。ごくたまに『ミュージック・マガジン』か『ロッキング・オン』を買うくらいだ。好き嫌いはべつにして、この二誌が日本で初めて評論らしい評論を載せたポピュラー音楽雑誌だった。

いったいボスはどういった音楽誌を考えているのだろうと思っていたが、それにしてもＦＭ誌というのは盲点だった。

「ＦＭ誌って、なんでそんなに人気があるんでしょう」
「若者のあいだで、エアチェックがブームなんだそうだ」
「エアチェック……。たしか、放送内容をチェックすることをいう放送用語ですよね。それがブームというのはどういうことでしょうか」
「ＦＭ番組をテープに録音するのをエアチェックというんだとさ。そのためにＦＭ誌の番組表が必要になるんだな」

そんなことになっていたのか。

実をいうと、ぼくはＦＭ誌にはあまり興味がなかった。書店で『ＦＭｆａｎ』を手にとってみたことはあるが、クラシックやジャズについての記事が多く、よくいえばハイブロウ（高級）で、わるくいえばスクェア（保守的）な印象だった。

FM放送とはFrequency Modulationの略で、要するに超短波放送のことである。周波数帯域が広く、SN比が高い。つまり音質がいいので、音楽番組に適しているのだが、そもそも、FM番組というものにさほど惹かれなかったのである。FMをまったく聴いていなかったのかというとそうでもなく、FM東京（現TOKYO FM）の「ジェット・ストリーム」はよく耳にしていた。

フランク・プゥルセル・グランド・オーケストラの「ミスター・ロンリー」（オリジナルはボビー・ヴィントン）のオープニング・テーマをバックに、城《じょう》達也氏の「……満天の星をいただく、はてしない光の海をゆたかに流れゆく風に心を開けば、きらめく星座の物語も聞こえてくる、夜の静寂の、なんと饒舌なことでしょうか」という名調子で始まり（この番組が始まると、「おお、もう午前零時か」と気づいたものだった）、エンディングは「夜間飛行のジェット機の翼に点滅するランプは、遠ざかるに連れ次第に星のまたたきと区別がつかなくなります。お送りしておりますこの音楽が、美しくあなたの夢に溶け込んでいきますように……。ではまた明日午前零時にお会いいたしましょう」。

エンディング・テーマはレイモン・ルフェーブル・オーケストラの「夜間飛行」。テーマソングでもわかるように、これはムード音楽（イージー・リスニングという言葉が一般的になったのは八〇年代初頭からである）主体の番組だったから、なんとなく聞き流していた。ムード音楽は趣味ではないが、城達也氏のナレーションが心地よかった。翼の灯りと星のまたたきの区別がつかなくなる、なんてあたりは、遠い異国を思ってしんみりしたものです。

とはいえ、ぼくにとってはラジオのオープニング・テーマといえば、ハーブ・アルパートとティファナ・ブラスの「ビタースウィート・サンバ」である。いうまでもなく、ニッポン放送の深夜番組「オールナイトニッポン」のテーマ曲だ。この曲を聴くと、いまなお（心の中で）「きみが踊り、ぼくが歌うとき、新しい時代の夜が生まれる。青空の代わりに夢を、太陽の代わりに音楽を……」というナレーションをつぶやいてしまう。ミーハーである。

要するに、FMに対するぼくのイメージは、FM放送開始当時のままだったのだ。

FM放送事始《ことはじめ》

NHK－FMの本放送開始は一九六九年三月一日（実験放送が始まったのは五七年暮れ）。

イギリス国営放送BBCのサード・プログラム（現在のRadio3）をモデルに、「クラシック音楽と高度な教養番組」を中心に編成したラジオ第三放送としてスタートした。

この「クラシック音楽と高度な教養番組」というのが〝くせもの〟である。

同年十二月二十四日に初の民放FM局であるFM愛知が開局するが、放送開始当初は午前中に愛知県教育委員会提供の教育番組を流していたという。

続いて、翌七〇年四月一日にＦＭ大阪が、四月二十六日にＦＭ東京が開局。同じく七月十五日にＦＭ福岡が開局して、足かけ十二年にわたるのどかな民放四局寡占時代が始まった。

三番目の民放ＦＭ局ということになっているＦＭ東京だが、じつは東海大学が六〇年に設立した日本初のＦＭ実験局「ＦＭ東海」を引き継いだもので、その関係で、平日の早朝と夕方に東海大学附属高校である望星高校の通信教育講座、「望星高校講座」が放送され、その後も「高校通信教育講座」と番組名を変えて八〇年代後半まで続いていた。

放送事業は郵政省（現総務省）の許認可制で、「中立性」と「健全な文化への貢献」「公共福祉」が求められるので、認可（免許）を得るため、申請段階で「教育番組」を（タテマエ上）前面に出すことがままあった。

ぼくの印象に残っているのは、現テレビ朝日が教育番組放送局としてスタートしたことだ（五七年）。当時の社名は「日本教育テレビ（ＮＥＴ）」で、教育番組を五〇％、教養番組を三〇％以上放送するという条件で免許を交付されたという。たしかに黒板の前で何かの授業をしている番組を観た覚えがある。現テレビ東京も、日本科学技術振興財団が傘下の科学技術学園工業高校の授業をメインに放送するという名目で「東京12チャンネル」として六四年に開局している。

だが、確信犯なのかどうか、NETはいつのまにか娯楽番組中心となっていた。アニメは「子供の情操教育」、外国映画などは「海外文化の紹介」というムリヤリなこじつけをしていたらしい。

タテマエ上はずせなかったのかもしれないが、早朝はともかく、午後六時半から九時という〝ゴールデン・タイム〟に「高校通信教育講座」を放送していたのはFM東京にとってはつらかったと思う（それでも開局時のコンセプトを貫き通したと称賛すべきか）。

要するに、FM放送は（タテマエとしては）「高度な教養」と「教育」つまり「青少年の健全な育成」をめざして始まった。

七〇年六月のFM東京「週間基本番組表」を見ると、クラシック音楽とスタンダード・ナンバー中心の編成だったことがよくわかる（二四－二五ページ参照）。

朝の時間帯は出勤前の「サラリーマン」向け、午前九時から正午までは「ファミリー」――というより「奥様音楽を」というコーナー番組が柱になっているから主婦層が対象（この「FMファミリー」という名称は八〇年代も変わらなかった）、平日の午後からは「ステレオ・リラックス・イン～お昼の話題と軽音楽」「イージー・リスニング・アワー～インストルメンタル歌謡曲」（この時代から「イージー・リスニング」という言葉があったのだ）「これぞスタンダード～ポピュラーのエバー・グリーンを集めて」「午後のクラシック～バロック・古典派・ロマン派・近代・現代音楽」。午後三時か

JOAU-FM・80MC・10KW・TOKYO

FM東京

'70/6 週間基本番組表

時	分	月・火・水・木・金・土	土
5	00	望星高校講座	
6	30	夜明けの音	
	35	東京コーリング—音楽出勤— 東京コーリング(第1部) ～世界のトピックス 福島 [illegible]・本田綾子(総合司会) 天気予報 〈ソニー商事〉	
7	00	東京コーリング(第2部) ～今朝のニュースから	
	20	クローズ・アップ・ボイス ～朝のインタビュー	
	25	東京コーリング(第3部) ～コトバのDJ(交通情報) 杉村 武 天気予報	
	53	情報パック・コーナー ～サラリーマンのためのビジネス情報 白根禎吉・[illegible] 〈三菱電機〉	
8	00	ワールド・ミュージック・カレンダー ～季節の話題と今日のこよみ 〈KDD〉	
	30	朝のバック・ミラー ～ハイ・クラス・オーナーのためのBG音楽	
9	00	ニュース	
	05	FMファミリー 奥様音楽を(第1部) ～歌謡曲DJ 浜島信子(総合司会)	
	30	世界音楽旅行	
10	00	三越ファミリー・ガイド ～くらしのHow TO ニュース 〈三越〉	
	05	奥様音楽を(第2部) ～ポピュラーDJ	
	30	思い出のうた	
11	00	ファミリー・コーラス	
	30	奥様音楽を(第3部) ～クラシックDJ	
	55	ニュース	
12	00	ステレオ・リラックス・イン ～お昼の話題と軽音楽	コロムビア名曲アルバム (クラシック)，〈日本コロムビア〉
	00	イージー・リスニング・アワー	ウイークエンド・レポート

分	日
00	望星高校講座
30	随想・自然と人生
00	マイフェア・ミュージック ～下重暁子
00	村山リウの新源氏物語〈[illegible]製作所〉
20	琴の調べ〈島津製作所〉
30	ミュージック ヤング・ノート〈貯増協〉
45	コンパニオン・タイム〈English-Companion〉
00	MACワールド・ヒット ～今週のトップ10 〈三峰〉
55	ニュース〈神崎製紙〉
00	オンキョー ダイナミック・サウンド ～荻 昌弘 〈大阪音響〉
00	ステレオ サンデー・ミュージック ～神 太郎 〈東芝音工〉
55	ニュース〈神崎製紙〉
00	

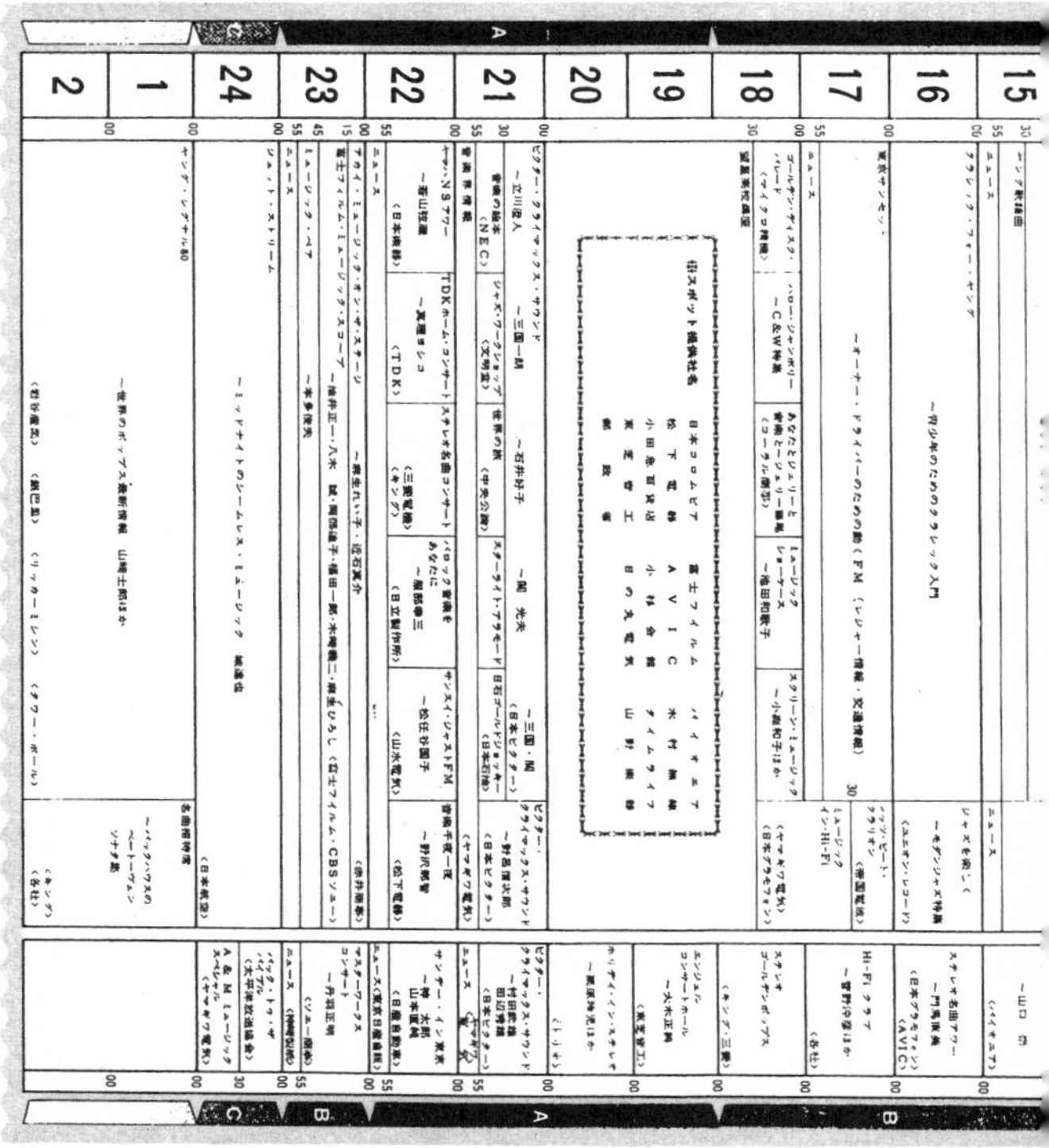

FM東京（現TOKYO FM）週間基本番組表　1970年6月

らは若者を対象とする番組が並び、「ヤングポップス〜ヒット・ポップスとヤングのためのタウン・レポート」「ヤング歌謡曲」「クラシック・フォー・ヤング〜青少年のためのクラシック入門」と続く。午後五時からの「東京サンセット」は、カーラジオの聴取者、つまりドライバー向けのようだ。

こうしてザッと見るだけでも、教養主義的で、古き良き時代を思わせる。

さらに、「ステレオ」「Hi-Fi」という言葉のついた番組名が多いことにお気づきだろう。

これは高音質をアピールするためで、「ステレオ」の「ハイファイ」サウンドを楽しみながらくつろいだひとときを――というのがFM放送のテーマだったことを示している。

実際、このころには〝FM喫茶〟とでもいうべき店があり、落ち着いた雰囲気の店内に、アカイ、ソニー、もしくはティアックの2トラ・サンパチのオープンデッキが回り、バロック音楽をはじめ心やすらぐ曲が流れていた（ぼくの住んでいた街の駅前には文字どおり「FM」という名の喫茶店があった）。FM放送をそのまま流していることもあったが、店の雰囲気にあわない番組（たとえば「高校通信教育講座」とか）の時間帯は、まえもってFMから録音したテープをかけていたのだろう。

FM放送は、大人の音楽ファンと、音にうるさいオーディオ愛好家のものだった。このいいかえれば、世間から超然とした、ちょっと気どったメディアでもあった。この時代の気分をふりかえってみると、それがはっきりすると思う。

時代は学生運動のまっただ中

ＦＭ放送がスタートした一九六九年から七〇年にかけて――。それはまさに〝闘争の時代〟だった。日大と東大からあがった大学紛争の火の手が全国の大学に飛び火して、全学共闘会議（全共闘）が組織され、さらに「高校全共闘」まで生まれた。

折から当事国であるアメリカを中心にベトナム戦争反対運動が世界中に広がっていたこともあって、矛先は社会全体に向けられ、既存の資本主義体制を暴力によって覆そうという動きに拡大しつつあった。大学にカラスの鳴かない日はあっても火炎ビンの飛ばない日はなかったほどだ。こう書いていても、いまとなっては信じられないくらい、日本中の大学で騒ぎが起こっていた。とくに政治的主張のない学生（ノン・ポリティカル、略して〝ノンポリ〟と呼ばれていた）も、従来の価値観に疑問をぶつけ、体制を批判し、大人からの押しつけを否定することはロックの精神にもつながるし、それは「ビートルズが教えてくれた」ことなので、なんだかわからなくても、おもしろいから一緒になって騒いでいた。

反体制的であることは〝ヒップ〟（前衛的でかっこいいこと）で、既存の価値観を信じることは体制的であり〝スクェア〟（保守的でかっこわるいこと）だったのである。

六八年十月の国際反戦デーには過激派学生が新宿駅に乱入して投石・放火におよび、機動隊が催涙ガスで応戦、新宿の街はまるで戒厳令下のような状態となった。神田駿河台あたりでも何度か学生と機動隊のあいだで〝市街戦〟が行われ、世間は騒然としていた。

この傾向は世界的なもので、パリでは学生が街を占拠するし（六八年）、アメリカでは反戦思想から徴兵を拒否する若者がふえ、コロンビア大学紛争を描いた映画『いちご白書』が七〇年に公開されて大ヒットするし、ローリング・ストーンズは六八年の「ストリート・ファイティング・マン」で無責任に街頭闘争を煽《あお》るし、同年に発表されたビートルズの「レボリューション」では革命運動に対して「俺を巻き込むな」と言っていたジョン・レノンも、「パワー・トゥ・ザ・ピープル」（七一年）では「革命を起こしたいならいますぐ街へ出よう」と歌い始めるありさま。世界中で〝若者の反乱〟が起こっていた。

六九年には、学生によって占拠されていた東大構内に機動隊が突入して、安田講堂にたてこもっていた学生を強制的に排除する。キャンパスはあたかも戦場と化し、その年の東大入試が中止になるというおまけまでついた。当時思い切り受験生だったぼくなども、そのあおりをくった一人だった。

音楽の世界でも反戦フォークやメッセージ・ソングがもてはやされた。岡林信康が「山谷ブルース」「手紙」「チューリップのアップリケ」「がいこつの唄」「くそくらえ節」など、次々に放送禁止となる問題作を発表して〝日本のボブ・ディラン〟と呼ばれ、若者のヒーローとなった。

ギター片手にメッセージ・ソングを歌う〝フォーク集会〟が連日、新宿駅西口構内で開かれると、見物人がどんどん集まってきてともに歌い始めた。参加者は日を追って数を増し、やがて数千人規模となって、毎晩、新宿駅西口地下広場を埋め尽くし、大きな話題となった。

ぼくも一度、西口フォーク集会を見物に行ったことがある。自然発生的に集まった何千人もの若者の大合唱はさすがに圧巻だった。歌われていたのは岡林の「友よ」や高田渡《わたる》の「自衛隊に入ろう」などだったが、中心となって歌っているのがシロートだから、音楽的にはひどいものだった。それでも参加者が最大七千人にまでふくれあがったのだから、そのエネルギーはすさまじいものがあった。音楽による若者たちの一大デモンストレーションということでは、空前の、そして絶後のできごとだった。そしてついに機動隊が介入するに至り、ガス弾を発射して強制的に解散させる結末を迎えた。

芸能界の商業主義とは切り離されたところから、若者の音楽が生まれてきた時代だった。

いや、もちろんその一方で「ドリフのズンドコ節」やら「いい湯だな」もヒットしているんですけどね。六歳の坊や、皆川おさむが歌う「黒ネコのタンゴ」というノベルティソングが大ヒットした年でもあります。

ぼくはといえば、ジャズ喫茶に入りびたっていた。スパイダースやタイガースなどのグループサウンズ（GS）が出演していた、いまでいえばライブハウスのような店も「ジャズ喫茶」と呼ばれていたけれど、こちらのジャズ喫茶は、マイルス・デイヴィスとかジョン・コルトレーンなどのジャズの名盤を大音量でかける店だ。気難しそうなマスターがレコードをかけ、世界の苦悩を一人で背負ったような顔をした客が、いかにも〝通〟らしいリクエストをして、魂を揺さぶる名演に黙々と耳を傾ける。デイブ・ブルーベックの「テイク・ファイブ」なんてリクエストしようものなら鼻で笑われそうだった。まして友人とおしゃべりをしていると、まわりから「シーッ」と注意されたり、にらまれたり、「黙って聴けないなら出て行け」とマスターに叱られたりした。

こんなこともあった。ある地下のジャズ喫茶にいたら、ヘルメットをかぶってゲバ棒を持った過激派の学生が乱入してきて、「おまえら、地上で革命が起こっていてもこんなところで音楽を聴いているつもりか」と一喝し、演説を始めようとしたのである。このときだけはスノッブな客たちも団結して「帰れ帰れ」の大合唱で追い返した。

また、こんなこともあった。日比谷野音で当時の日本を代表するブルース・バンドがライブをやっていたとき、おそらくうるさかったのだろう、近くで集会をやっていた過激派の連中が文字どおり殴りこんできて、ゲバ棒でステージの機材をたたき壊し始めた。バンドのメンバーは逃げるどころか、大切なアンプや楽器を壊されてはたまらないとばかり、おおいかぶさるようにして身を挺して機材を守っていた。音楽をやるのも命がけだった。

FMの明るいプチブル的イメージ

そんな時代にFM放送はスタートしたのである。これはもう浮世離れした特権階級の趣味の世界に思えたとしても不思議はなかった。FMの流れる喫茶店は別世界だった。そういえば、クラシック専門の名曲喫茶というのもあったが、こちらは巨大なスピーカーを備え、レコードをうやうやしくターンテーブルにのせてマエストロたちの名曲を高音質で聴かせてくれるのである。店の造りも重厚で、古色蒼然といった趣だった。

それに比べると、FM放送は明るく、モダンな印象があった。それはオーディオ・マニアがリスナー層の中心だったからではないかという気がする。いうまでもなく、オーディオというのはカネのかかる趣味である。自分の納得のいくオーディオ・セットをそろえるのに当時でも百万円、二百万円かけるのはあたりまえだった。そういうリッチなリスナーが、街が騒然としていようが、貧乏なロック・バンドが殴られていようが、世間からは超然として、優雅なひとときを楽しむためのメディア――ちょっと大げさにいえば、それがFMのイメージだった。

当時の言葉でいえば、いかにも「プチブル（中産階級、小市民）的」なのだが、何も世の中全体が本気で革命をめざしていたわけではなく、じつはこうしたFMのありかたこそ、来るべき七〇年代を先取りしていたともいえる。

一九七〇年に話題になったものの一つに、富士ゼロックスのテレビCMがあった。ファッショナブルな衣装に身を包んだ加藤和彦が「BEAUTIFUL」と書いた紙を持って街を歩く映像に「モーレツからビューティフルへ」というテロップが重なる。前年に大ヒットした、小川ローザのスカートがめくれあがる丸善石油（現コスモ石油）のCM「Oh! モーレツ」と、六〇年代半ばの流行語「モーレツ社員」を前提にしたものので、これからは無理をせず、自分の美意識にしたがってビューティフルに生きようというコピーは、人々の深層にあった気分を代弁していた。

翌七一年には、ガス欠したクルマを鈴木ヒロミツほか一名が押している映像のバックに「気楽に行こう」という歌が流れるモービル石油のCMも人気を集めた（ナレーションはやはり加藤和彦でしたね）。「ガンバラナクッチャ」という新グロモント（ドリンク剤）のCMもあったが、これもユーモラスなアニメだったから、「ま、それなりにがんばりましょう」という感じだった。

世の中はそろそろリラクゼーションを求める気分になっていたのだろう。万博が開催され、国鉄（現JR）が「ディスカバー・ジャパン」キャンペーンを開始したのも同じころだった。

FM放送のありがたみは、なんといってもステレオ放送にあった。

一九六〇年代には、ステレオといえばHi－Fi、高音質の代名詞で、昭和三十年代（五〇年代半ばから六〇年代前半）には、ステレオ・プレーヤー・セットは応接間に置かれていることが多かった。その家の金銭的・精神的豊かさを示すインテリアとしての役割も担っていたのである。それまでのモノラル・プレーヤーを通常「蓄音機」と呼んでいたのに対し、「ステレオ」は単に録音・再生方式の意味だけでなく、それ自体でプレーヤー・セットのことを指した。「ステレオ、買った」「ステレオを聴く」というような具合で、ステレオの急速な普及とともに、それは「オーディオ」一般を指す言葉になったが、それでも「ステレオ」のご威光はなかなか衰えなかった。

一九六六年になってからようやく発売された、ビートルズ初期のアルバム『プリーズ・プリーズ・ミー』と『ウィズ・ザ・ビートルズ』の日本盤の邦題はそれぞれ、『ステレオ！　これがビートルズ vol.1』『ステレオ！　これがビートルズ vol.2』となっている。正式なタイトルにわざわざ「ステレオ」の文字が入っているのは、それが売り物になったからである（英オリジナル盤はモノラル）。六〇年代いっぱいまで、LPでもシングルでも、ステレオ盤のジャケットには「STEREO」の大きな文字が躍っていた記憶がある。

FM番組は、ありがたくもそのステレオで放送されるのである。オーディオルームで聴くべき、ある意味、画期的なメディアだった。いってみれば「書斎派」であり、前述した七〇年前後の「書を捨てよ、街へ出よう」（六〇年代後半に詩人の寺山修司が掲げたスローガン）という若者の気運に真っ向から対立するものでもあった。

AMヒットパレード番組と深夜放送

ラジオはすでにパーソナル・メディアとしての性格を明らかにしていた。

テレビが普及する以前の昭和三十年代初期（一九五五〜六〇年）、国民の娯楽と情報を一手に引き受けていたラジオは居間に置かれ、家族みんなで聴くものだった。ニュース、時報、浪曲・落語、聴取者参加クイズ番組、ラジオドラマなど、ファミリー全般の幅広い聴取者を対象としていた。子供たちは、午後六時ごろ、遊びつかれて帰ってくると、ラジオの前にすわり、ドラマ「赤胴鈴之助」、「新諸国物語」シリーズ（「笛吹童子」「紅孔雀《べにくじやく》」など）、「少年探偵団」の主題歌に胸躍らせ、主人公の冒険に手に汗にぎったものだった。いやべつにわざわざラジオの前にすわらなくとも聞こえるのだが、それがなんとなく〝正式な〟聴きかただと思っていたのですね。台所（〝キッチン〟ではなく）からは夕食の支度の音が聞こえてきます。『三丁目の夕日』の世界です。

それがテレビに取って代わられると、ラジオは、トランジスタによる小型化もあって、自動車や自分の部屋などプライベートな空間でのみ楽しむ媒体となった。

海の向こうのイギリスで、リバプールのジョン・レノンや、ロンドンのミック・ジャガーが深夜ベッドにもぐりこんでラジオ・ルクセンブルクの最新ポップスに耳を傾けていたように、日本の青少年がプライベートに聴くラジオ番組は、「大学受験ラジオ講座」（！）をべつにすればヒット・チャート番組（当時の言葉でいえば「ヒットパレード番組」）だった。アメリカのヒット曲をいち早く知りたいというマニアックなポップス・ファンはFEN（米軍極東放送網）を聴いた。ぼくも日本発売前のビートルズやデイヴ・クラーク・ファイヴの新曲はFENで仕入れていました。

六〇年代のAM放送には、ポップスのヒット・チャート番組が数多く存在した。映画音楽をメインに据えた、五五年スタートの「ユア・ヒット・パレード」（文化放送）、続いて五七年に放送を開始した「今週のベスト10」（ラジオ東京・現TBSラジオ）、ちょっとマニアックだった「ゴールデン・ヒット・パレード」（ラジオ関東）、さらに六〇年代に入って「ベスト・ヒットパレード」（ニッポン放送）、「9500万人のポピュラー・リクエスト」（文化放送）も始まった。

ぼくは高崎一郎がパーソナリティをつとめた「ベスト・ヒットパレード」がお気に入りで、毎週ランキングをメモしながら聴いていた。もう少しあとの時代ならきっとエアチェックしていたに違いない。映画音楽を中心としたファミリー向けの「ユア・ヒット・パレード」が居間で聴く番組なら、この「ベスト・ヒットパレード」あたりが中・高校生が自分の部屋で聴く番組の最初だった気がする。「9500万人のポピュラー・リクエスト」は、その番組名からして、すべての世代のリスナーを狙っていたのだろう（まことに蛇足ながら、九千五百万人は当時の日本の人口である）。

さらに、文化放送の「電話リクエスト」（略して〝電リク〟）も中・高校生に人気があった。リスナーからの電話をオペレーターが受けて集計し、その結果を毎日ランキングして放送する番組だ。六三年に、ぼくは一度だけ電話をかけたことがある。リクエストは「ゴキゲン火星ちゃん」だった。ラン・デルズというアメリカの一発屋グループの曲で（といってもセコいヒットだったが）、ボーカルはテープの〝早回し〟。火星に行ってみたら火星人が最新流行のダンスを踊っていた、というたわいないノベルティソング、まぁコミックソングといっていい。日本ではほとんどヒットしなかった。

なんとかこの曲を広く知らしめたいとリクエストしたのだが、曲名を告げたらオペレーターのお姉さんに「はあ？」と聞き返された。「あの……ごきげん……かせいちゃん……」。とても恥ずかしかった。しかも、かけてもらえなかった。

六四年の秋ごろだったか、この「電話リクエスト」のランキング一位から二十位までをビートルズが独占したことがあった。ビートルズ・ファンのぼくは、発表されるランキングを途中まで喜んでメモしていたのだが、さすがにトップ20独占となるとしらじらしくなってやめてしまった。

それからおよそ四十年後、当時東芝レコードのビートルズ担当ディレクターだったT氏から、「息のかかった女の子たちを電リクのオペレーターに送り込んで、東芝以外の曲のリクエストはすべてビートルズに変えるように指示しておいた」という話を聞いた……。

これらＡＭのヒットパレード番組は、やがてＦＭ放送の隆盛とともに、土曜午後の「コーセー歌謡ベストテン」「ダイヤトーン・ポップス・ベストテン」（ともにＦＭ東京）などにリスナーを奪われ、姿を消していく。

六〇年代後半から七〇年代にかけてのＡＭ放送では、青少年のプライベート番組決定版として、深夜放送の盛り上がりがあった。深夜、受験勉強をしている中・高校生に語りかける番組が続々と登場したのである。

おもなものとしては「オールナイトニッポン」（ニッポン放送）、「セイ！　ヤング」（文化放送）、「パックインミュージック」（ＴＢＳラジオ）があり、「オールナイトニッポン」の糸居五郎、亀渕昭信、斉藤安弘、今仁《いまに》哲夫、「セイ！　ヤング」の土居まさる、落合恵子、みのもんた（！）、「パックインミュージック」の野沢那智と白石冬美（ナッちゃん・チャコちゃん）ほか、曜日ごとに替わる各番組のパーソナリティたちは、「受験生の気持ちをわかってくれるやさしいアニキとお姉さん」という位置づけだったから、人気者と言うより、若者のヒーロー的な存在になっていた。

リスナーからのリクエストのハガキをもとに構成され、ハガキの内容はパーソナリティのキャラクターにあわせてギャグあり、人生相談ありとさまざまだった。

ぼくとしては「オールナイトニッポン」の糸居五郎さんの音楽知識とマニアックな選曲、今仁のテッちゃんのトークとギャグがお気に入りで、〝人生相談派〟のパーソナリティは番組を問わず苦手だった。とくに（めったに聴いたことはなかったが）、時とし

て「甘ったれるんじゃないよ！」とリスナーを叱るみのもんたの計算されたような怒り

がいやだった。ちなみに、「オールナイトニッポン」は、その後もあのねのね、笑福亭

鶴光、タモリ、桑田佳祐、吉田拓郎、中島みゆき、ビートたけし等々、その時々に個性

派パーソナリティを起用しながら、現在まで続いている。

糸居さんのときの「オールナイトニッポン」をのぞいては、どれもおしゃべりがメインだったが、関西以外では無名だった学生グループ、ザ・フォーク・クルセダーズの自主制作レコード「帰って来たヨッパライ」を各番組でこぞってかけて空前の自然発生的大ヒットに至らしめ、関西フォークの全国区進出をうながした功績は、まさしくこの時代の若者向け深夜放送のものである。

こうした状況からすれば、一般的な若者向け番組のAM、音楽とオーディオ好きな大人向けのFMという構図ができておかしくなかった。現に、「FM誌を出す」と聞いたときのぼくは、ずっと七〇年代前半のそうしたイメージのままでいたのだ。その構図をくずし、若者をFM放送にいざなったのはカセットテープの普及だったと、いまにして思う。

音楽生活を変えたカセットとウォークマン

「Nコロが急カーブを曲がっていくところをリアから描きたいんだよね」

「ホンダのN360ね。懐かしいな。フロントを見せたいけどね」

「リアから見たほうが、迫力が出ると思うんだけど」

「じゃあ、それでいこうか。N360っていうのはいいな」

『カー・アンド・ドライバー』の表紙を描いてもらっているイラストレーターの小森誠さんと、次号のカバーイラストの打ち合わせがすんで、いつものように雑談になった。

ぼくは小森さんのイラストがとても気に入っていたから、彼と話すのは楽しかった。その日、小森さんが、ふと思い出したようにこう言った。

「最近、ヘッドホンをしながら歩いている若い人がふえたよね。あれ、どう思う？」

「そうそう。ウォークマンでしょう？　あれ、怖いよね」

「街なかなのに、何か自分の殻に閉じこもっているみたいでさ、感じ悪いんだよね」

「というか、街を歩いているときって、五感を働かせて身を守っているわけじゃない。そのなかの聴覚をシャットダウンしたら、危なっかしくてしょうがないと思うんだよね。クルマがきても気がつかないんじゃない？」

そうだ、そうだ、ウォークマンは危険だ、自閉的だ、という話で意見が一致した。

そしてその翌月には、ぼくもヘッドホンをして通勤するようになっていた。

ウォークマン第一号が発売されたのは、七九年のことだった。それによって、カセットテープの需要は飛躍的に拡大したと思う。ぼくも、ウォークマンで聴くためにカセットテープを大量に買い始めた記憶がある。家で聴くレコードをカセットに録音すれば、

「TPS-L2」
ソニーのウォークマン第１号。1979年7月に発売され、2009年で誕生30年を迎えた。当時の発売価格は33,000円。この初代にはまだウォークマンのロゴは見えない。（写真提供：ソニー株式会社）

電車の中であろうが、歩いているときであろうが、いつでも聴くことができる。それがいかにすばらしいことか、ウォークマンのおかげで初めて知った。

聴く場所や条件によって、聴きなれた曲が別の相貌をあらわすのである。ターミナル駅の人ごみの中で、「レット・イット・ビー」のイントロが始まったとき、周囲の景色と人の波が突然ストップモーションになり、まるで自分だけが異次元の世界にいるような錯覚におちいったことがある。〝人間の営み〟の切なさみたいなものが感じられて、不覚にも涙が出そうになった（まだ感受性が豊かだったのだなぁ）。ビートルズの中ではさほど好きではなかった曲なので、おそらくレコードを部屋で聴いているだけだったら、いまでもこの曲にそんなシンパシーを感じることはなかったかもしれない。

また、ＹＭＯの「ライディーン」を聴きながら公園を歩いていて、ふと土のにおいを感じたとき、電子音と自然の香りとが一つになって、不思議な感慨にとらわれたこともあった。ウォークマンによって、自分の行動が〝ＢＧＭ付き〟になっていると感じた人は多かったはずだ。コラムニストの泉麻人《あさと》氏は、それを「ウォークマンをあてた自分とまわりの風景が〝プロモーションビデオ〟の映像になっている」と表現している。

カセット登場以前は、当然ながらオープンリールの時代だった。とはいえ、本格的オープンリール・デッキを持っているような人はごくまれで、ぼくらはおもに小型テープレコーダーで3号（直径約九㎝）とか5号（直径約十二・五㎝）の小さなテープを使っていた。これは編集しようとするとかなり面倒なものだった。不要な部分をハサミでカットして、必要な部分だけをスプライシングテープという接合テープでつなぐのである。ぼくも何度かやってみたが、すごく手間のかかる面倒な作業だった。

六七年の六月、世界同時生中継テレビ番組「アワ・ワールド」にビートルズが出演して、「愛こそはすべて」を初めて演奏したときも、日本では午前五時ごろのオンエアだったので早起きして小型オープンリール・テープに録音した。いまなら当然ビデオにとるところだが、まだ家庭用ビデオは普及していなかった。レコード化されたのはこのときの演奏にオーバーダビングしたものなので、貴重な音源ではあったのだが、なにしろ再生する機械が生産されなくなってしまったため眠らせておくうちに、残念ながらいつのまにかなくしてしまった。

ほかにも、AMから録音したザ・フォーク・クルセダーズの「イムジン河」のライブ演奏も、その後レコードが発売中止になってしまったこともあって貴重なテープだったのに、同じくいまはない。「イムジン河」のB面に入るはずだった「蛇に食われて死んでいく男の悲しい悲しい物語」のレコーディング・バージョンもとったのだが、これも紛失した。「イムジン河」は二〇〇二年になってCD化されたが、B面曲はお蔵入りしたままだから惜しい。

ぼくの大学受験が終わった六九年、その解放感から一時的に組んだバンドの演奏も、やはり小型オープンリール・テープに録音した。これは貴重でもなんでもないテープだが、つまりそのころまで、ぼくはオープンリールのテープレコーダーを日常的に使っていたというわけだ。その後は、使った記憶がない。前述の泉麻人氏は、六九年に初めてカセットデッキを買った、とエッセイに書いている。このころが一般ユーザーにとってオープンリールからカセットに移行し始める時期だったのかもしれない。

カセットテープ（コンパクト・カセット）は六二年にフィリップスによって開発され、TDKが国産化して発売したのが六六年のこと。使いやすさと携帯性が受けて七〇年代に広く普及したわけだが、七六年には「オープンリールの音質を持つカセット」というふれこみで、「エルカセット」という〝大型〟カセットテープが発売されている。このころはまだ、音質ならオープンリール、という思い入れが残っていたのだろう。だが、このエルカセットは、大きさが通常のコンパクト・カセットの倍くらいあって、いかにも中途半端だった。やがてカセットの音質向上とともに、八〇年代にはすでに目にすることもなくなった。

ソニーのウォークマン発売と同じ七九年に、サンヨーの小型ラジカセ「MR－U4」

「シンクロカセット」
国産第1号のカセットテープ。東京電気化学工業（現TDK）によって1966年に発売された。その後、さまざまなメーカーが参入し進化していったわけだが、外観的にはほぼこの時点から変わっていないことに驚く。（写真提供：イメーション株式会社）

Lカセット「LC-60SLH」「LC-60DUAD」
1976年に発売された大型カセットテープ「エルカセット」。左がタイプⅠ（ノーマル）、右に立ててあるほうがタイプⅡ（なぜかエルカセットではフェリクローム）。横に並ぶタバコからだいたいの大きさが想像できる。（写真提供：ソニー株式会社）

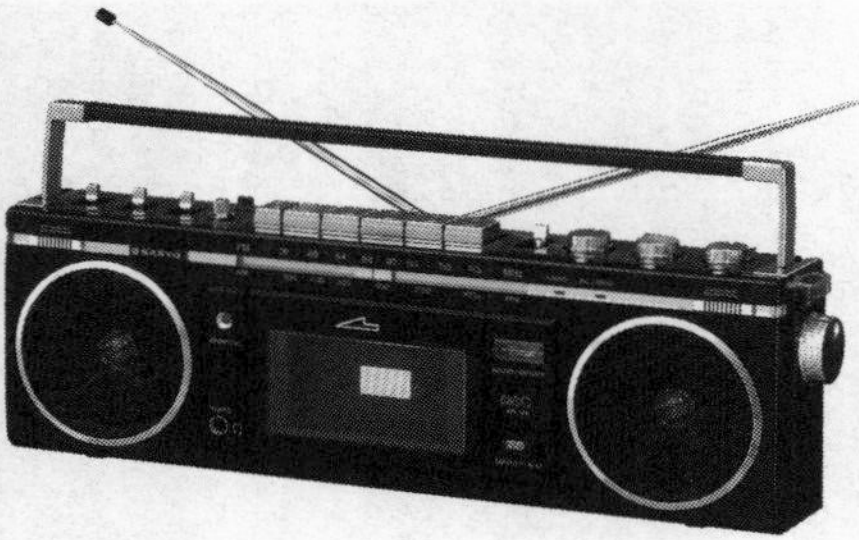

「MR-U4」
三洋電機によって1979年に発売されたラジカセ。最高年間生産台数600万台という驚異的なヒット商品だった。「おしゃれなテレコ」というキャッチコピーで、その後の“カラフルでおしゃれなラジカセ”という流れを決定づけた。価格は当時43,800円だったというから、決して安価ではなかったわけで、当時の日本経済の景気のよさもうかがえる。（写真提供：三洋電機株式会社）

が大ヒットした。ウォークマンとおしゃれなラジカセの登場で、カセットテープの販売数は大きく伸びた。

また同年、シャープは世界初のダブルカセットデッキ、「ザ・サーチャーW GF808」を発売した。ダブルカセットとは、ご存じのように、二台のカセットデッキを一つのボディに搭載したもので、テープ編集が簡単にできる、いかにもシャープらしい〝アイディア商品〟である。それまではダビングなり編集なりをしようと思えば、二台のカセットデッキをコードでつながなければならなかった。一台はラジカセでまかなうにしても、高校生で二台のカセットデッキを持つのはお小遣いにかなり恵まれていなければ難しかっただろう。ダブルデッキというのは操作的にも金銭的にもとてもお得な商品だった。

そもそもコードでレコーダーをつなぐということを思いつかず、ラジオやテレビの前にレコーダーのマイクを置いて録音したことのある人もいるはずだ。録音したというテープを聞かせてもらうと、途中に「ご飯ですよー」「シーッ」という声が入っていたりする。

ダブルカセットは、だから初心者にもとても便利なのだが、最初のザ・サーチャーWは九万五千円もした。それでも年間三十万台売れたという。やがて他社も類似商品を出し、価格競争が始まって低価格帯に落ち着くのはお決まりのパターンである。

翌八〇年には日本初のレコード・レンタル店、黎紅堂《れいこうどう》がオープンして大成功を収め、全国でレコード・レンタル店の開業が相次いだ。もちろん、レコードからカセットテープに録音することを前提にしたものだ。こうして、七〇年代半ばから始まったカセットの時代は八〇年代に入ってピークを迎える。

カセットが音楽の聴き方を変えたように、音楽自体もこの七〇年代には大きな変貌を遂げた。

ロックからディスコ・サウンドへ、七〇年代音楽シーン

六〇年代という十年間を律儀に終わらせようとでもするかのように、ビートルズが解散し、ローリング・ストーンズを追われたブライアン・ジョーンズが六九年に、ジミ・ヘンドリックスとジャニス・ジョプリンが七〇年に、そして七一年にはドアーズのジム・モリソンが相次いで急死した。全員〝J〟がつくので、つぎはジョン・レノンかと仲間うちで半ば真剣に言い合ったものだ。

七一年から七二年にキャロル・キングやジェームス・テイラーなどのシンガー・ソングライターが人気を集める一方、ロックは多様化していった。シカゴやブラッド・スウェット・アンド・ティアーズのブラス・ロック、ピンク・フロイドやジェネシスのプログレッシブ・ロック、ディープ・パープルやグランド・ファンク・レイルロードのハード・ロック……。

それらのジャンルの先駆ともいえるビートルズは影が薄くなり、一時期忘れられかけたが、七三年にリリースされた公式ベスト盤、通称〝赤盤〟〝青盤〟の大ヒットで、永遠のグループとしてよみがえった。

七〇年代後半にはボズ・スキャッグスを代表格とする洗練されたおしゃれなサウンドがAOR（アダルト・オリエンテッド・ロック＝大人のロック）の名で人気を集めた

（こんな軟弱なものまでロックと呼ぶ必要があるのかなぁ）。

古典的ジャンルとなりかけたジャズも、ロックのエイト・ビートを取り入れた「フュージョン」（当初はクロス・オーバーとも呼ばれた。要するに〝混ぜ合わせ〟である）で再び活気を帯びた。こちらのスターはジョージ・ベンソン。もともと天才ウェス・モンゴメリーの後継者と目されていたギタリストだが、ボーカリストとしても成功し、AORのボズ・スキャッグスとともに〝ソフト&メロウ〟（甘くおしゃれなジャズやポップス）の代表格となった。ラリー・カールトンやリー・リトナー（一時、杏里と婚約していた）などのギタリストも人気だった。

もうこむずかしいことは抜き、とばかり、七〇年代半ばからポップス界を席捲《せっけん》し始めたのが、いつの時代でも音楽のメインストリームであるダンス・ミュージックだ。日本では「ゴーゴー喫茶」と呼ばれていた〝ダンスホール〟が、「ディスコティーク」というアメリカ直輸入の呼称に変わり（「デスコテック」と発音する人もいた）、新たなダンス音楽、重いビートのきいたディスコ・サウンドが人気を集めた。このブームは七八年の映画『サタデー・ナイト・フィーバー』の大ヒットでピークに達した。

ブルックリンに住むさえない兄ちゃんが、マンハッタンのディスコで土曜の夜だけヒーローになるというお話で、この映画からビー・ジーズの「恋のナイト・フィーバー」「ステイン・アライヴ」がメガ・ヒットを記録した。日本ではサラリーマンのあいだで「フィーバーする」「フィバる」という恥ずかしい流行語が生まれたほどである。ま、

「盛り上がる」くらいの意味ですね。「フィーバー」という言葉自体はいまもパチンコに残っているようですが。

それにしても、「ニューヨーク炭鉱の悲劇」や「若葉のころ」「メロディ・フェア（小さな恋のメロディ）」なんかを歌っていた〝叙情派ロック〟のビー・ジーズが突如ディスコ・サウンドでフィーバーしたのには驚きました。

急激な変貌を遂げた日本の音楽シーン

そんなこんなで洋楽界も百花繚乱だったが、それよりもずっとおもしろかったのが日本の七〇年代における音楽界の変貌だった。

七一年の中津川フォークジャンボリーで、二時間にわたって延々と「人間なんてララーラーラララーラー」とだけ歌い続け、岡林信康に替わってフォーク・ヒーローとなった吉田拓郎は、メッセージ・ソングに別れを告げて、翌年「結婚しようよ」「旅の宿」とポップなヒット曲を続けざまに放ち、フォークの枠を超えた人気者となった。さらに南こうせつとかぐや姫の「神田川」「赤ちょうちん」「妹」は、すべて映画化されるほどの大ヒットとなった。

これらかぐや姫の一連の曲は〝叙情派フォーク〟と呼ばれたが、なんたって二十歳そこそこで「若かったあの頃……」だもの。もはや〝闘争の時代〟は終わり、いまさら

〝体制側〟に寝返るのもかっこわるいし、昔をなつかしみながら、社会のかたすみでひっそりと生きていこうといったところか。同時期にヒットした演歌、〝貧しさ〟と〝世間〟に負けたさくらと一郎の「昭和枯れすすき」まであと少しの世界である。

七五年にヒットしたバンバンの「『いちご白書』をもう一度」（荒井由実作詞・作曲）の主人公は、就職が決まって長髪を切り、彼女に「もう若くはないさ」と言いわけしてしまう。彼も、映画『いちご白書』をいつか一緒に見た彼女と二人だけのメモリーの中に生きている。こうして若者たちは思い出を胸に社会復帰していったのです。

さらに、日本初のミリオンセラー・アルバムとなった『氷の世界』（七三年）で大きな支持を得た井上陽水にいたっては、若者の自殺やわが国の将来の問題などには興味さえ示さず、それより雨なのに傘がないほうが問題だと、自己の内面に引きこもってしまう。

ウディ・ガスリーは、カリフォルニアからニューヨークまで、この国はぼくらのもの（「我が祖国」）と歌い、ジョーン・バエズが日本公演で「北海道から沖縄まで」に歌詞を変えて歌っていたように、かつてのフォークは全国の同志に呼びかけていたものだが、時代は変わり、いまや自分の身のまわりにしか関心がなくなったのである。北海道から沖縄までの空間を、三畳ひと間の小さな下宿に縮小したかぐや姫の歌が〝四畳半フォーク〟と揶揄《やゆ》されたのも無理からぬことではあった。

その命名者であるとされる荒井由実は、「貧乏くさいのはいや。私はもともとプチブルよ」と宣言し、自ら「中産階級サウンド」と呼んだポップでファッショナブルなサウンドとともに七三年、『ひこうき雲』でアルバムデビュー。七五年の『コバルト・アワー』でユーミン・スタイルを確立した。彼女の登場でフォークは死語となり、替わって「ニュー・ミュージック」という言葉が生まれた。同じ七五年には、山下達郎と大貫妙子が在籍したシュガー・ベイブが、大瀧詠一の設立したナイアガラ・レーベルからアルバム『SONGS』をリリース。中島みゆきが「アザミ嬢のララバイ」でデビューした。独自の感覚を持った、多種多様な新世代のポップスが生まれつつあった。

芸能界も、こうしたフォーク、ニュー・ミュージックの人気に目をつけた。演歌の森進一が七四年に拓郎の「襟裳岬《えりも》」を、翌七五年に布施明が小椋佳の「シクラメンのかほり」をカバーして大ヒットさせ、それぞれその年のレコード大賞を受賞した。フォークが市民権を得たともいえるし、貪欲でかつ懐《ふところ》の深い芸能界（体制側）に取り込まれたともいえるが、はっきりしているのは、これまで商業的な芸能界と一線を画していたフォーク、ニュー・ミュージックが一大勢力となったこと、ニュー・ミュージックと歌謡曲の〝フュージョン〟が始まったことだ。

それをはっきり示したのが、拓郎、陽水、泉谷しげる、小室等《ひとし》というフォークのトップスター四人によるフォーライフ・レコードの設立である。こうして拓郎をはじめニュー・ミュージック系アーティストが歌謡曲、とくにアイドルの曲まで手がけるようになった。かつては芸能界にかかわると、いやテレビに出演しただけで「商業主義」とののしられたフォークが、ビッグ・ビジネスの世界に参入したのである。

岡林信康のバックをつとめていたはっぴいえんどは、渋谷のBYGというライブハウスを拠点に、日本語によるロックを追求していたが、岡林的なフォークの枠から出られずに苦しんでいるように思えた。メッセージ性を帯びた歌詞が、どうしても字あまりになってロックのリズムに溶け込まないきらいがあった。メンバーがそれぞれの能力を存分に発揮し始めたのは解散後のことだ。大瀧詠一は『ア・ロング・バケイション』のポップな〝ナイアガラ・サウンド〟で、細野晴臣はYMOのテクノ・サウンドで時代の最先端をゆき、ドラマーの松本隆は「木綿のハンカチーフ」でアイドル歌謡の作詞家としてゆるぎない地位を築いた。

松本は、自分の書いた「木綿のハンカチーフ」の詞に、筒美京平がスラスラと流れるようなメロディをつけたことに驚き、以来、それまで見下していた歌謡曲の作詞に本気で取り組むようになったといわれる。どうでもいいことだが、ぼくははっぴいえんどのライブに行くたびに松本隆に間違えられていた。髪型や背格好がそっくりだったのだ。

日本語ロックの新世代が登場

付け加えておくと、はっぴいえんどが必ずしも成功したとはいえない日本語ロックに一つの答えを出したのがキャロルとダウン・タウン・ブギウギ・バンド（DTBWB）、サザンオールスターズだった。メッセージ性（広く〝意味〟といってもいいが）を帯びた詞をビートにのせるのではなく、ビートにのる詞だけを、ときには脈絡なくつなぎあわせるやり方を、彼らは選んだ。字あまりの部分には適当な英語、オーイェーとかベイビーとか単純な言葉を入れる。

キャロルはロックの歌詞に意味などいらない、と居直ることによって、徹底した思想性のなさで成功した。DTBWBは〝演歌ロック〟と自称し、アメリカ占領時代を思わせる歌詞、演歌風のメロディをあえて取り入れて独自のスタイルを打ち出した。「港のヨーコ・ヨコハマ・ヨコスカ」はメロディがつけにくかったので、サビ以外はすべて台詞にしてしまったが、それが大ヒットした！　サザンは、断片的なフレーズをつないでいき、歌詞トータルでなんらかの思いを伝えようとした。ぼくは深夜の江ノ電に乗っていて江ノ島が見えてきたとき、「勝手にシンドバッド」の歌詞を思い出して、歌の内容がわからないまま泣けてきたことがある。

新世代のポップスの特徴は、日本のミュージシャンのテクニックやレコーディング技術が飛躍的に向上し、サウンドがどんどん洗練されていったことにある。それは結局はセンスの問題であって、旧世代とは異なる現代的な鋭い感覚を持ったミュージシャンが続々登場したということでもある。たとえば加藤和彦率いるサディスティック・ミカ・バンドがイギリスの音楽界に影響を与え、ＹＭＯがアメリカで人気を博したのも、単なるエキゾチシズムだけではなかったと思う。ＹＭＯはむしろエキゾチシズムを逆手にとっていた。

アメリカ・イギリスの真似をするだけだった日本のポップスも、新世代のニュー・ミュージック系アーティストによって、独自のものに変わりつつあった。

しかも、ニュー・ミュージックと歌謡曲の〝フュージョン〟は、歌謡界全体におよんだ。阿木燿子《あきようこ》・宇崎竜童のDTBWBの作詞・作曲家チームや、さだまさし、谷村新司が楽曲を提供した山口百恵をはじめ、拓郎が曲を書いたキャンディーズなど、アイドルのヒット曲も質的にあなどれないものになった。ピンク・レディーの大ブームも起こったし、七〇年代後半は日本の歌謡界のほうが、むしろ洋楽よりもぼくにはエキサイティングだった。

サウンドの質的向上をはじめとする、こうしたポップス界、歌謡界の流れは、FM放送にも影響したと思う。若者の音楽も、クオリティ重視のFMで放送するに耐えうるものとなった。七〇年代におけるハード、ソフト両方の急激な変化によって、必然的にFMというメディアと若者とが結びついたのである。

そして一九八〇年、レッド・ツェッペリンのジョン・ボーナムがこの世を去り、ジョン・レノンが射殺された（二人とも〝J〟である）。こうして新たな十年が始まる。

第2章

こちら『ＦＭステーション』編集部

――後発ＦＭ雑誌のドタバタ奮闘記

『FMステーション』って、鉄道雑誌？

「今度出す例のFM誌だけれど、『FMステーション』というタイトルに決まった」

「エフエム・ステーション……。FM放送局……ですね。おお、意味はちょっと地味な気もするけれど、オーソドックスで、いい誌名じゃありませんか」

「そうか、いいと思うか」

「ええ、誰が考えたんですか」

「Tのアイディアだけどな」

「へぇ、あの人にネーミングのセンスがあるとは思えませんけど」

「きみよりはあるということだな」

「………」

「だけど、〝FMステーション〟と言うと、なぜ〝FM駅〟なのかって必ずといっていいほど聞かれる。鉄道雑誌かと言う人もいた。きみはステーションが放送局という意味だってすぐわかったみたいだが、そういう人は少ない。まぁ、きみは英語が得意だからな」

「それほどでもありませんよ、ジス・イズ・ア・ペン。セ・タン・スティロ」

会社の一室でぼくは、いよいよ具体化しつつある新雑誌についてボスの話を聞かされていた。

そう、いまにして思えばたしかに、「ステーション」と聞いて「局」「部署」とかの意味を思い浮かべる人は、当時は少なかった。

これはTさんの名誉のためにも言っておきたいが、「ステーション」という外来語をポピュラーにしたのは『FMステーション』である。その後、テレビ報道番組「ニュースステーション」が始まって、人気を博してからさらに一般化し、一時期、やたらに「ステーション」と名づけるのがはやった。あるとき入ったあるレストランのサラダ・バーには「SALAD STATION」というプレートが下がっていたが、その「STATION」のデザイン文字は「FM STATION」のロゴそのままだった。だが、それはまだ先の話。

「まあ、販売部も広告部も了承したから、『FMステーション』で決定だ。それで表紙は『カー・アンド・ドライバー』と同じようにイラストでいくことにする。きみはこのイラストをどう思う」

そう言って、ボスはマスコミ向けのイラストレーション年鑑を取り出して、その中のあるページを開いて見せた。ハワイかカリフォルニアらしい海岸近くの風景。いかにもアメリカっぽい白い木造の家とフォードのバンが描かれ、光の反射をあらわしていると思われるキラキラとした細い帯や、細かい四角や丸の模様が画面いっぱいに飛んでいる。明るく乾いた、平面的なイラストだ。

「これは、現代的なアメリカン・ノスタルジー……というと矛盾していますが、そんな感じですね。いいじゃありませんか。イラストレーターの名前は……鈴木英人さん？　スズキ・ヒデトさんですか。いや、エイジンさんか。どなたかの紹介ですか」

「小森誠さんに、いいイラストレーターを知らないかって聞いたら、この人の絵がおもしろいって、この本を貸してくれたんだ」

そうか、小森さんの推薦か。しかし、小森誠さんのイラストとは正反対、とは言わないまでも、ずいぶんタッチが違う。

小森さんの絵は、『カー・アンド・ドライバー』（長いので以下〝カードラ〟と略す）の歴代表紙イラストのスーパー・リアリズムとは異なり、絵の具を塗り重ねていくことによってマット調の独特な質感を出している。一度、アスファルトの路面の質感を仕上げるところをそばで見ていたことがあるが、その作業はじつに細かくていねいで、少しずつ違う色を、点描のようにポツリポツリと打っていく。その粘り強さと精緻さに感心した。

カードラの表紙をべつにして、彼の作品で好きだったのは、雑誌『ポパイ』のカバーイラストだった。キャンピングカーの後部が画面の半分くらいを占め、その前に大型犬がすわっている。人物は描かれていないが、焚き火か何かの残り火の煙がただよっていて、たったいままでそこに人がいたことを暗示している。あるいは切り取られた画面からはみだしているために見えないが、まだすぐそこにいるのかもしれない。その余韻のようなものが、とても印象に残った。

ボスと話をしてからしばらくして小森さんと会い、話題が『FMステーション』のことになった。

「小森さんが推薦したイラストレーター、鈴木英人さんだったね、知り合いなの?」

「いや、会ったことはない。でも、あの人の絵は新しいよ。これからきっと受けるから、早く使ったほうがいいな。絶対人気が出ると思う。鈴木さんってデザイナー出身じゃないかな。グラフィック・デザイナーが描いたイラストって感じがする」

さすがに専門家の目は鋭い、とぼくは思った。

「でも、小森さんの絵とは全然タイプが違うじゃない」

「オンゾウさん、鈴木英人さんに比べてぼくの絵は暗いと思っているでしょ。自分も暗いくせに」

「な、何をおっしゃいますやら。深みがあると言ってください」

そうこうしているうちに、『FMステーション』創刊準備室が動き出し、やがてカードラ編集部とは別のビルに編集部が置かれることになった。

「カードラはいまのところ順調だから、きみとNにまかせる。台割《だいわり》と色校《いろこう》だけは見せにこい」と言いおいて、ボスも新しいビルに移っていった。

『FMステーション』プレ創刊号が発売されたのは八一年の春だった。

『FMステーション』の船出

「プレ創刊号」という言葉、のちには比較的よく使われるようになったようだが、これもおそらく『FMステーション』が初めてではないか。少なくとも、一般的にしたのはステーションだと思う。創刊号発売前に、その〝予告編〟ともいうべき「プレ創刊号」を出して、広告・販売関係方面と読者の反応を見てから〝本編〟(創刊号)を正式に刊行するというやり方だ。

通常、出版界では雑誌創刊の折には「テスト版」「パイロット版」というものを出す。ただ、これは表紙や巻頭特集、記事の一部などは印刷されているが、三分の二以上のページは白紙のままなのが普通だ。これを持って、広告部は広告出稿依頼にクライアントや代理店を回り、販売部は日販や東販(現トーハン)などの取次《とりつぎ》(書籍の流通を引き受ける)を回るのである。「今度、わが社でこんな雑誌を出しますので、どうぞよしなに。広告入れてくださいね。たくさんの部数を引き受けて全国にまいてくださいね」と頼むのだ。雑誌づくりは、広告部や販売部のこういう努力によるところが大きいのです。

ところが、これはあくまで業界内部のみのプレゼンテーションだから、読者には届かない。それなら、全ページきちんとつくって実際に売ってしまえばいい、とボスは考えた。彼はビジネスという点ではなかなかのアイディアマンなのだ。それがいわゆる「プレ創刊号」で、このネーミングも何人かで考えた覚えがある。『カー・アンド・ドライバー』のときも同様の売り出し方をしたのだが、そのときは「創刊0号／Take-Off Edition」という言葉を使った。これがどうもネーミングとしていまいちだったというので、『FMステーション』では「プレ創刊号」にしたわけだ。

『FMステーション』プレ創刊号はA4より左右がやや長いA4変型大判サイズだった。ほかのFM三誌はすべてB5判だったから、ひと回りもふた回りも大きな印象だった。これは、カセットレーベルが余裕を持って二枚横に並ぶサイズということで左右を大きくしたのである。どのFM誌にも付いているカセットレーベルも、他誌のように内側に折り込まなくても六枚きちんと収まるメリットがあった。

しかも、番組表に掲載されている各番組のオンエア曲目の部分を切り抜けば、そのままカセットに収まるサイズになっている。さらに、先行三誌は番組表に使っている用紙の質を〝本文ページ〟より落としていたが、ステーションでは曲目表を切り取ってカセットケースに入れてもらえるように、むしろ本文よりいい紙を使うようにして附加価値を高めていた。

ちなみに他誌は、カセットレーベルがB5判に収まらないので、三誌とも、はみ出す部分を内側に折り込んでいた。そのためか紙質が（言い方は悪いが）薄っぺらで、何より一部のレーベルの写真（イラスト）部分に折り目がクッキリ付いてしまう。その点、ステーションのレーベルは市販のものと同等の厚紙を使い、無粋な折り目もなし。これはお買い得だよ、坊ちゃん嬢ちゃん。

だが、大判サイズは冒険でもあった。ＦＭ誌の発売日は隔週水曜日と決まっているから、各誌がいっせいに店頭に並ぶ。そのとき一誌だけサイズが大きいと、売れている先行三誌と一緒に並べてもらえない恐れがある。新規参入するのだからＦＭ誌の読者にその存在を知ってもらわなければならないのに、これはかなり不利である。

表紙は鈴木英人さんが描いたスティングのポートレート。スティングの顔の周囲をテープらしきものが取り巻き、さまざまな図形が画面に飛んでいる。これはこれで力作だし、いい表紙だと思ったが、「あれ？　風景画じゃないのか」とちょっと意外な感じがした。

巻頭特集はオフコースの武道館コンサート・レポート……だったが、なぜかイラスト・ルポになっている。メンバー五人の顔も、ステージの様子も、すべてイラストである。

編集部員に理由をたずねたら、撮影も写真提供もオフコース側に断られたのだという。なんとなく聞いてみただけなので、くわしい事情はもちろん、どの程度正確な話だったのかもわからないが。

活動歴は長いが、オフコースは七九年発売のシングル「さよなら」でようやくブレイクし、出したばかりのアルバム『Ｗｅ　ａｒｅ』が大ヒット中だった。ぼくにとってオフコースは地味なフォーク系のグループというイメージで、小田和正と鈴木康博のデュオだった。最近、五人のバンド編成になったらしいことは知っていたが、それほどの人気グループになっていたとは。……このときのイラスト・ルポから『FMステーション』とオフコースのちょっとした確執が始まるのだが、それはぼく自身がかかわるようになってからの話である。

雑誌の創刊というのはただでさえ大変な作業であるうえに、FM誌の入稿スケジュールはかなりハードだった。そのうえ、わが社の場合、最終段階にこぎつけた企画や記事も、ボスの鶴のひと声で、土壇場ですべて変更もしくはやり直しになることがしばしばあった。よくいえば少しでもいいものをつくろうとする粘り強さとひらめきによる、悪くいえばいきあたりばったりなやり方。さらに、ボス以外、スタッフはほとんど編集未経験者というハンデが加わって、『FMステーション』創刊編集部員は徹夜が続き、何日も家に帰れないという状態だった。

もっとも、土壇場で企画や記事を差し替えるなんてことは雑誌ではザラにあることだし、敏腕と呼ばれる編集長ならごくあたりまえのことだ。それを厭《いと》うようでは名編集者にはなれない（ぼくが名編集者といわれたことがないことからも、それは明らかだ）。

しかし、とりあえずカードラは順調に売れ行きを伸ばしていたし、ボスはカードラの編集部にはあまり顔を見せなくなっていたから、自分たちのペースで仕事ができ、カードラの進行スケジュールは以前よりずっと楽になっていた。ぼくは「さわらぬ神にたたりなし」と、遠くからステーションの船出を横目で見ていた。

クラプトンの知名度は星三つ

八一年七月に、『ＦＭステーション』創刊号が発売された。判型《はんけい》はプレ創刊号と同じ大判サイズ。定価二百円。先行三誌より二十円安い。番組表によって東版・西版・九州版の三版に分かれ、各版にＮＨＫ、東版にＦＭ東京、西版にＦＭ大阪とＦＭ愛知、九州版にＦＭ福岡の番組表がそれぞれ入る（他誌は東版・西版の二版だった）。巻頭特集は「喜多郎のエジプト・イメージ紀行」。これは喜多郎をエジプトに連れ出して現地取材したもので、創刊二号にわたって掲載された。

『FM ステーション』創刊号
1981 年 7 月 6 日発行。番組表は 7 月 6 日〜 7 月 19 日分。その後同誌の定番コーナーとなる「WHO'S WHO」がすでにある。創刊号では、ノーランズ、ドゥービー・ブラザーズ、三原順子、クリスタルキング、松原みき、といった名前が並び、いかにもジャンルを問わない当時の FM 誌らしい。

　そして鈴木英人さんの表紙はシーナ・イーストンの似顔。これはよくない、とぼくは思った。英人さんのよさがまったく生かされていない。顔のまわりに飛んでいる英人さんのトレードマークであるオブジェがかえって邪魔になっている。なぜ風景を描いてもらわないのだろうと首をかしげざるを得なかった。以後、ボズ・スキャッグス、リンダ・ロンシュタットなど似顔絵の表紙が続いたが、感想は同じだった。

創刊二号のオーディオ特集は「バードウォッチング」。鳥の声をどうやって録音するか、いわゆる野外での生録テクニックである。カードラの流れで自動車メーカーからRVを借りて、森の中で撮影していた。前述したように、FMリスナーは〝書斎派〟だから、アウトドアというのはちょっと違うのではないか。これは「喜多郎のエジプト・イメージ紀行」でも感じたことだった。

さらに編集部内で困ったことがあった。ボスと、副編集長のTさんが音楽にほとんど興味と知識がなかったことだ。そのせいで、編集部員がときどきぼくにグチをこぼしたり、相談に来たりしたことがあった。

編集企画会議で、「エリック・クラプトンを取り上げたい」とあるスタッフが発言したところ、ボスが「そんな聞いたこともないマイナーなヤツをなぜやるのだ」と怒り出し、「なあT!」と同意を求めた。

すると、Tさんがやおらノートを取り出してパラパラとめくったかと思うと、「お待ちください、そのクラプトンという人はかなり有名なミュージシャンです。星三つです」と答えたという。

まじめなTさんは、ミュージシャンに対する自分の知識不足をカバーするため、ノートにミュージシャン名をリストアップし、自分なりに調べた知名度に応じて星印をつけていたらしい。たとえばユーミンやサザンオールスターズが星五つだとしたら、クラプトンは星三つという具合に。念のために一応、言っておくと、この当時のクラプトンはもちろん、多くのロック・ファンのあいだでは神様のような存在だったが、知名度の点ではいまより低かった。彼が日本で弩《ど》メジャーな存在になるのは九二年の「ティアーズ・イン・ヘヴン」の大ヒット以降のことといってもいいだろう。

永ちゃんは自分を「ぼく」と言うか?

ま、この星印の噂はほとんど笑い話のようなものなので、信憑性についてはなんともいえない（もしデマだったらTさん、ごめんなさい）。だが、一度、矢沢永吉のインタビュー原稿について実際にこんなことがあった。

矢沢が自分のことを「矢沢は……」「おれは……」と言う、その一人称をすべて「ぼく」に直せと言われた、どうしようと、編集部員のA君に相談されたのである。『FMステーション』は上品なおぼっちゃん雑誌にするのだ、だから「おれ」などという言葉を使ってはいけないとボスに叱られたと言う。

とはいえ、還暦を迎えた現在ならともかく、たしかに永ちゃんが「ぼくは幸せな男です」ではしまらない。どんなアーティストであろうと一人称は「ぼく」と決められたのでは、編集部員もかなわないだろう。

ジョニー・ロットンまで「ぼく」と言い出したらどうする。

そこで一計を案じて、ボスに電話した。

「やー、永ちゃんのインタビュー記事を読みたくて、A君に原稿を見せてもらったんですが、ひどいですねー」

「そうか、Aはまだロクに原稿が書けないからな。どこがひどかった」

「一人称がぜんぶ『ぼく』になっているんですよ。矢沢が自分のことを『ぼく』なんて言うはずないじゃないですか。編集部で〝つくった〟ことが読者にバレバレですよ」

「……そうか。よし、直させよう」

横で不安そうに聞いていたA君は喜んでステーション編集部に戻っていった。

ボスにはボスのポリシーがあって、専門誌というのはマニアックになってはいけない、というのである。たとえば自動車マニアばかりで自動車雑誌をつくると、つい趣味に走ったり、専門知識がないとわからないような記事を当然のように書いたりするから、少数のマニアにしか読んでもらえない。多数派読者のレベルに合わせてつくらなければ売れる雑誌はできない。ビギナーこそが多数派であるから、かえってその分野にくわしくない人間を集めたほうがいいのだ。くわしいのはライターと評論家だけでいい。編集部にマニアは必要ない。カードラが売れたのもそのおかげだ。

たしかに一理ある考え方ではある。しかし、編集長か副編集長のどちらかくらいはある程度の知識があったほうがいいのではないかなあ。それに音楽誌の場合、「この雑誌はわかってる！」と読者に思わせるものが成功するケースもあると思う。

あるとき、ボスがこう言った。

「音楽好きなきみをあえて『FMステーション』の創刊スタッフにくわえないのは、そういう理由だ。まぁ、おれがちゃんと売れるようにレールを敷いてやるから、軌道にのったらきみにやらせてやる。だいたい、きみは趣味や考え方がマイナーでいけない」

「自分がマイナーだとは思っていませんが、これからの時代、マイナーなものこそメジャーになる可能性があります」

しゃれたことを言ったつもりだったが、ボスとその取り巻きに爆笑されてしまった。

だが、『FMステーション』はなかなか売れなかった。

創刊直後、真夏の大事故

創刊時の問題はいろいろあったが、やがてとんでもなく大きな事件が起こった。創刊から一か月半たった暑い暑い八月のある日、ボスが編集部のあるビルの屋上駐車場（地上十一階）からクルマごと地下一階に転落したのである。

クルマはグシャグシャにつぶれ、ボスは病院の集中治療室に運ばれた。誰もが「これは助からない」と思ったにもかかわらず、それがボスのすごいところで助かってしまうのである。ただ、事故直後はたいへんな騒ぎだった。

真っ昼間の派手な事故だっただけでなく、場所が永田町のヒルトン・ホテル（当時）の隣、総理大臣候補である竹下登や安倍晋太郎の事務所が入っているビルだったこと、事故を起こしたのが国際A級ライセンスを持つ自動車雑誌の編集長であること、クルマが当時発売されたばかりの話題の高級車、トヨタ・ソアラだったことなどが重なって、大喜びしたマスコミから取材や問い合わせの電話がひっきりなしにかかってくるし、事後処理の打ち合わせはあるしで、その対応のためぼくも『FMステーション』編集室にかりだされた。

夜になり、本社のI専務とTさんとぼくとで、ヒルトン・ホテルのロビーで今後の相談をした。専務が「こうなった以上、ステーションは二、三号休刊して様子を見たほうがいいだろうね」と言う。Tさんが「そうしていただければありがたいです」と答える。ぼくは「そんなことできるのかなぁ」と首をかしげた。いったん定期刊行物として出た以上、一号でも刊行されなかったら、とうぶん休刊、そのまま廃刊ということになるのではないか。再び復刊するには、あらためて創刊の手続きをふまなければならないのではないだろうか。

そう思ったが、「それならきみがしばらくカードラと一緒にステーションも手伝え」と言われたらやぶ蛇なので黙っていた。

案の定、ぼくの疑問と同じ理由で販売部と広告部が大反対し、当然ながらそのまま刊行し続けることになった。おそらく、創刊からまもないにもかかわらず、ステーション編集部は疲れきっていたのだと思う。ボスが転落したそのとき、同じビルの地下一階にあったデザイン室では徹夜で校了を終えた編集部員が何人もソファで眠り込んでいて、そのうちの一人は、たたき起こされてボスの事故を聞いた瞬間、「やった！　これで休める」と叫んだそうだ。ひどいやつがあったものである。だが、内情を知るぼくには、彼が思わずそう叫んだ気持ちもわからないではなかった。

ともあれ、ボスは奇跡的に回復し、事故から一か月後には病室に編集部員を呼びつけてはベッドからあれこれ指示を出すまでになった。いやもう不死身といっていい。

ある日の午後、ぼくが病室にいると、「次号のステーションの表紙イラストができました」と言いながら、Tさんが大きな原稿袋を抱えて入ってきた。

「待っていたぞ、どうだ、できは」と半身を起こしたボスに、Tさんがおそるおそる英人さんの原画を差し出した。それはハンバーガーが中央で飛び跳ね、その中からテープ

『FMステーション』1981年10月26日号
ハンバーガーの間からテープが飛び出しているポップなイラスト。ちなみに、この前号の10月12日号からミュージシャンの似顔絵ではなくなり、キーボードとオープンリールとスピーカーがあしらわれたイラストが使われている。

が飛び出して渦巻いているポップなイラストだった。

「おお、いいじゃないか！」

いい。これはいい。風景でこそないが、ミュージシャンの似顔よりずっと英人さんらしいポップなイラストだった。これは英人さんからの提案だったらしい。このときから英人さんのイラストが『FMステーション』の〝顔〟になる。


それからまた二か月がたち、カードラ編集部のぼくとNさんが一緒に病室に呼ばれた。

「二人そろって呼ばれたということはさ」とNさんが言う。「オンゾウさんにステーションに移れという話だと思うよ」

「そうかなあ……」

「ステーションに移れ」。ボスは言った。

「きみの代わりにTとあいつとこいつはカードラに移る。きみがカードラから連れて行きたいやつは二人まで連れて行っていい。おれも来年早々に退院したらカードラに戻る。あのビルは縁起がわるい。こりごりだ」

「縁起がわるいって、そういう問題ではないと思いますが」

「ステーションは基本的にきみにまかせる。台割と色校だけは見せにこい」

「あのー、一つ聞いていいですか」

「なんだ」

「カードラの売れ行きが伸びて、おかげでぼくのボーナスもずっとふえています。で、ステーションに異動してですね、相変わらず部数が伸びなかった場合、やっぱりそのー、ボーナスも減らされたりするんでしょうか」

「あたりまえだ」

病院を出ると、Nさんがぼくの肩をたたいて笑いながらなぐさめてくれた。

「オンゾウさん、大変だねえ。ステーションに行っても元気でね！　かわいそうだから、きょうはぼくが寿司でもおごるよ」

「え、ほんと？」

「うん、えーと、このへんに回転寿司があったはずだな」

「回転寿司なら居酒屋のほうがいい！」

「そうか。じゃ、また今度にしようか」

ようこそ「ヘルハウス」へ

小森誠さんにステーション編集部に異動になったことを話すと、「お別れにこれをあげる」と、カードラの表紙に使ったホンダN360のイラストの原画をくれた。うれしかったが、まるで今生《こんじょう》の別れのようで、戦時中の出征兵士みたいな気分になった（この原画は、いまも家の玄関に飾ってあります。ありがとう、小森さん）。

そして、いよいよ敵地、いやステーション編集部に乗り込む（本当に「乗り込む」という心境だった）ことになった。暮れも押し詰まったある日、カードラのY君が、近くまでいく用事があるというので、クルマで送ってくれた。カーラジオから「みんなビリーズ・バーベキューが大好き」と連呼する調子のいい曲が流れ始めた。なんという能天気な歌だろう。

「これ、なんていうグループが歌っているの」

「アラベスクの新曲ですね。西ドイツの女の子三人組で」

一緒にステーション編集部に移ることになったI君がそう教えてくれた。

「アバとノーランズを足して二で割ったようなものかな」とぼく。

「ちょっと前に〈ハロー・ミスター・モンキー〉とか〈さわやかメイク・ラブ〉とか流行りましたよね」

「さわやかメイク……。なんというタイトルをつけるのだ」

「♪ビリーズ・バーベキュー、ヘイ！」で曲が終わったとき、あまりのノーテンキさに思わず笑い出してしまった。こういう無内容な音楽も取り上げるのかなあ、えらいことになった（もちろん、その後アラベスクは特集で取り上げ、彼女たちは長い撮影にうんざりしながらも、最後までつきあってくれた）。

ビルの入口で、デザイン・グループの人たちが旅館の旗のようなものを紙でつくって出迎えてくれた。その紙には「歓迎　オンゾウ様御一行　ようこそ『ヘルハウス』へ」

と書いてあった。

　編集室では、入れ替わりにカードラ編集室に移るはずのTさんたちもてんてこまいで働いていた。

　思い出したので言っておくと、カードラと『FMステーション』のデザインおよび誌面のレイアウトを担当してくれていたデザイン会社のスタッフは、締め切りが近づくと、編集部のビルのデザイン室に詰めていた。彼らもよくラジカセやヘッドホンステレオで思い思いのテープを聴きながら仕事をしていたのだが、その中に、一人とても変わった人がいた。彼がラジカセでいつも聴いていたのは、どうもFMのエアチェックテープならぬ、テレビ番組の音声だけを録音したテープらしかった。聞こえてくるのは、ドラマを盛り上げるおどろおどろしい音楽、殺陣《たて》の効果音、ドスのきいた決めゼリフ……。その中で彼は独特なオーラを放ちながら、黙々と仕事をしていた。あるとき気づいた。これは「必殺仕事人」だ。

「〝必殺〟が好きなんですか」と聞いてみると、「いや……」とかなんとか言ってはぐらかす。無口な人だった。彼の手首を見て、「そのリストバンドは何かのおまじないですか」と聞いてもニヤニヤしている。

　O君というその彼こそ今日の大人気作家、京極夏彦氏である。仕事をしてもらったのはごく短期間だったが、ステーションの読者は幸せだった。あの京極夏彦がデザイン・レイアウトしたページを読んでいたのだから。

さらに余談になるが、編集部から原稿が届く待ち時間に、ヒマを持て余したらしい彼、O君は、わが社の人間たちをカリカチュアライズしたマンガを描いていた。風貌と言動がもっとも個性的なオーディオ担当のM君とボスとのからみをメインにした「それいけM君」という〝作品〟ほか数枚のカリカチュアには、つねにヘラヘラ笑っているお気楽なキャラクターでぼくも登場する。大笑いしてしまうほどそれぞれの人間が的確に、そっくりな似顔で描き分けられていた。あまりにおもしろかったので、デザイン・チーフに見せてもらったその〝作品〟の何枚かをコピーさせてもらった。いまも家のどこかにあるはずだ。

雑誌界に棲む魔物

雑誌界には二匹の魔物が棲むといわれている。「お盆進行」と「年末進行」である。お盆と年末年始は印刷所も取次もまとまった休みをとるので、締め切りが一週間ほど早まる。とくに年末の場合は、通常号と、それに続いて暮れに発売する「新年号」と正月休み明けに発売する「新春号」、この三冊分の作業が同時進行する場合もある。ぼくらがステーションに乗り込んだのは、ちょうど編集部がこの〝魔物〟と格闘している真っ最中だったのだ。もちろん、それはカードラ編集部も同じなのだが、カードラは当時月刊、ステーションは隔週刊。この違いは大きい。ステーションは倍のサイクルで動いているのだ。

「来たよー、よろしく！」

一応あいさつしたが、二、三人がチラッと振り向いて「あっ、いらっしゃい」と言うだけ。みんなあわただしく動き回っている。まるで嵐のようなありさまだった。

何か手伝おうとしても、猛回転している車輪の中に飛び込もうとするようなもので、ヘタに近づけば弾き飛ばされてしまいそうだ。つけいるすきがない。

その中で、A君が困った顔でたたずみながら、べつの部員と何やら相談しているので、近寄って「どうしたの？」と聞いてみたら、評論家・業界人・読者百人のコメントを並べる「100人が選ぶ今年のBESTアルバム100」という企画を入稿しなければならないのだが、読者からの応募ハガキの集まりがわるく、百人に満たないのでどうしようか考えている、という。

「百という人数にこだわる必然性ってあまりないと思うけど……。今年は八一年だから、いっそ〈81人が選ぶ81年のBESTアルバム〉にしちゃったら？　八十一人ならなんとかなるんじゃない？」

「なんとかなる！　オンゾウさん、そういう卑怯な手を考えるの、うまいね！」

誰が卑怯だ。ちなみに、この企画はその後も年数に合わせて人数を一人ずつふやしながら毎年恒例企画になっていった。

この問題がかたづくと、また手持ちぶさたになってしまったので、Tさんにおそるおそる近寄って、「みんな忙しそうだから、ぼくらは次号の作業をするよ。次号の台割を見せてくれる？」と話しかけたら、「そんなもの、まだできていない」とうるさそうに言われた。

これまでにも何回か「台割」という言葉をことわりもなく使ってきましたが、出版業界に縁のない人には説明しないとわかりませんよね。これは雑誌や本の見取り図のようなもので、全体が何ページで、カラーが何ページ、モノクロが何ページ、巻頭にこの企画が何ページ入り、ここは広告ページで……というように全体の企画と構成を見わたせるようにしたものです。これをどううまく構成するかが編集者の腕の見せどころでもあるのだが、それはともかく……。それができていないということは、かなり、いやとんでもなく進行が遅れているということになる。

「そ、それじゃ次号の特集企画はどうなっている？　材料をもらえれば構成を考えるけど」

Tさんは大きな段ボール箱を指さして、「この中にアメリカのFM局を取材した外部からの持ち込み写真が山のように入っている。まだ整理できてないから、それをお願い」

「写真と……それから文字原稿は？」

「まだ。これから取材者に話を聞いて文章をまとめるんだけど」

「締め切りは？」

「今週末」

「……取材者の連絡先を教えて」

わたされた名刺の電話番号にかけてみたら、本人は来年まで入院中だと言われた。

こうしてぼくの『FMステーション』の日々が始まった。

先行していたFM三誌の傾向と対策

なんとかしなければいけない問題は山積みだった。最終目標は、もちろん部数をのばすことだが、そのためにもまず入稿スケジュールを少しでもスムーズにして、ある程度余裕を持って企画と方向性を考えなければならない。

『FM fan』（共同通信社）1983年3月28日号
クラシック、ジャズなどのイメージの強かった同誌だが、ロック・ポップスにも読ませる記事が多かった。また「長岡鉄男のダイナミック・テスト」は名物コーナー。表紙はジャケット写真（この号ではメリサ・マンチェスターの『僕のメリサは世界一』）。ビルボード誌のチャートも人気だった。大きさはB5判。

販売部からは、「やはり先行三誌と判型《はんけい》（本のサイズ）を同じにしたほうがいい」と言われていた。だが、それは早々に白旗をあげるようでいやだった。カセットレーベルを生かすためにも大判サイズがいい、なんて答えていたら、今度は「部数低迷を脱し、売れ行きをアップするために先行三誌とは違う『FMステーション』の特徴をどう打ち出すか、どういう編集ポリシーをつらぬくか、そういう今後の方針を取次の前で説明してほしい」と販売部から申し入れがあった。これは困った。ぼくは「ノンポリティカル、ノンポリシー」の人間であるが、この場合、居直るわけにはいかず、それらしいことを言わなければならない。

先行三誌の特徴を考えてみよう。

まず、大先輩の『FMfan』である。創刊は一九六六年六月。まだNHK－FMが試験放送の時代だから、正真正銘のパイオニアだ。NHKにオンエア曲目の問い合わせが多かったことから、『FMfan』発行元の共同通信社に番組表制作の依頼があり、それをきっかけに初のFM雑誌が生まれたという。「ニュース配信、番組表配信というのが共同通信の仕事だったから、一種、社会的使命感のようなものもあったんでしょうね」と、『FMfan』のU編集長から聞いた覚えがある。その時代から続いているFM誌だから、取り上げるジャンルもクラシックとジャズが中心になるのは自然の成り行きである。オーディオ記事も、長岡鉄男氏の試聴テストをはじめ本格的なものだった。もっともオーソドックスで、FM雑誌界の総元締め的な存在だ。

表紙のビジュアルには、話題のレコードのジャケット写真をそのまま使っていた。これは創刊号からずっと変わらなかったらしい。ある意味グッド・アイディアであるが、現代では著作権の問題もからんできそうだ。このジャケット写真は約十八センチ四方のサイズになっていて、切り取ればそのまま7号のオープンリール・テープのレーベルに使えるという。さすが本格派である。

民放FM四局が本放送を開始してまもない七一年三月に、音楽之友社から刊行された第二のFM誌が『週刊FM』、愛称〝週F〟である。その名のとおり、創刊当初は週刊誌だった。すぐに隔週誌に変わったが、名称だけはそのまま引き継いだ。週刊誌でないのに「週刊」という誌名を持つめずらしい雑誌だった。こちらは『FMfan』より若年層をターゲットにしていた。発行元が戦前の一九四一年に設立された老舗音楽専門出版社で、クラシック専門誌『レコード芸術』、オーディオ専門誌『stereo』、それに音楽の教科書まで出している版元だから、FM誌はいかようにも作れたはずだが、七〇年代後半から八〇年代にはニュー・ミュージックを中心とした誌面づくりを行っていた。

『週刊FM』（音楽之友社）1979年10月15日号
週Fといえば、ニュー・ミュージック。1979年12月には『ニューミュージック』というタイトルもそのままの別冊を発行していた。表紙は80年代にはミュージシャンの写真が多く、何回かモデルチェンジをしている。この号の表紙は当時人気絶頂だったアリスの谷村新司。

『FMレコパル』（小学館）1978年12月11日号
初心者向けのオーディオ記事で人気を博したレコパル。マルディロの表紙に愛着をもつ人も少なくないだろう。この号では、「ディスコ探訪＆オーディオ・フィーバー!!」というクリスマス・パーティ案内の巻頭特集。季節感＆流行（当時のディスコブーム）＆レコパルの特徴であるオーディオを全部ひっくるめた特集に感動。

その三年後、七四年七月に大手出版社、小学館から『ＦＭレコパル』が創刊された。こちらはわかりやすいビギナー向けオーディオ記事をメインにして、若いオーディオ・ファンを読者層にしていた。イタリアのユーモア画家、マルディロのイラストが表紙を飾っていて、表紙からギャグが楽しめるようになっていた。『少年サンデー』をはじめとする超メジャーなコミック雑誌の版元だから、石ノ森章太郎や松本零士などの大御所を起用したアーティストの伝記マンガ「ライブ・コミック」の連載もあった。なんといっても望月三起也の「パット・ベネター」というのがすごい。

どの雑誌が最初に考えたのかわからないが、どれにも「カセットレーベル」が付いている。これに関しては大判の『ＦＭステーション』が六枚すんなり収まる分有利だった。だが、なにしろ『少年サンデー』『ビッグコミック』の小学館である。レコパルには高橋留美子の「うる星やつら」「めぞん一刻」のカセットレーベルが付くこともあった。

ラムちゃんファン、音無《おとなし》響子さんファンにはたまらなかったろうなあ。

番組表は、少しずつ違いはあるもののどれも似たりよったり。情報源はいずれも同じ各FM局の広報なのだから当然だ。

これを要するに、『FMfan』はクラシックとジャズ、『週F』はニュー・ミュージック、『レコパル』はオーディオと、それぞれ得意ジャンルがある。

それなら『FMステーション』はロックでいこう、と言ったら、ボスにひと言、「バカ」と言われた。

「そんなマイナーなものをやってどうする！」

では、どうするか。

あるオーディオ・メーカーが開いた年末のパーティに出席して、『FM××』誌の営業の人に「『FMステーション』の新任副編集長です」と紹介されたとき、彼はニヤリと笑ってこう言った。

「あっそう、よろしく。ステーションは苦戦しているらしいね。言っておくけどFM誌に〝四匹目のドジョウ〟はいないよ」

ちょっと悔しかった。

〝読む〟のではなく〝使う〟雑誌

とりあえず取次への説明のために、それらしいことを考えなければならなかった。ふと書店に入ったら、ペーパークラフトの本が目に入った。そこに載っている展開図を切り抜けば、さまざまな模型が組み立てられるといった内容だった。おお、そうか。苦肉の策として、こんなPR用フレーズを考えた。

「『FMステーション』は切り抜く雑誌です。附録のカセットレーベルだけでなく、番組表の曲目リストはもちろんエアチェックしたカセットのインデックスに、アーティストの写真はカセットレーベルに、欄外に印刷した欧文のアーティスト名はカセットケースの背に、どんどん切り抜いて活用してください。必要な部分をすべて切り取ったら捨ててください。ステーションは〝読む〟のではなく〝使う〟雑誌です」

そのために、ボスと相談しながらいろいろな手を打った。アーティストの記事には必ずレーベルサイズの写真を入れ、それより大きく使う写真でも、アーティストの顔は必ずレーベルサイズに収まる大きさにした。毎号、アーティストの似顔イラストを入れたレーベルサイズの「アーチスト名鑑」とさまざまなアーティスト名を入れた「アーチスト・インデックス」を入れた。「欄外に印刷した欧文のアーティスト名」というのは、PR用フレーズを思いついてから付け加えた。

もともと他誌より厚い用紙を使っていたカセットレーベルは、さらに厚手のものにして、図柄を少しでもしゃれたものにしようとあれこれ考え、ジャンル別に使えるようなものにしたり、英人さんの表紙イラストも必ずレーベルにした。アーティストの写真はそのまま使うと、いかにもレコード・コピーを奨励しているようでマズいから、提携している米『キャッシュ・ボックス』誌の表紙を撮影することで、人気アーティストの写真を入れるようにした。

とりあえず、この〝編集方針〟は取次にも受け入れられたようだ。だが、ここらへんはあくまで他誌にもある方向性を極端にしたものにすぎない。ただ、編集者にもプライドがあるから「読まなくてもいいよ。番組表を使って、あとは切って捨ててね」とは言えないだけだ（と思う）。もちろんぼくも肚《はら》の中では、読者がいつまでも保存しておきたくなる記事を毎号必ず載せたいと思っていた。

現在、完全な形の『ＦＭステーション』は古書店でもなかなか手に入らないという。おそらくその理由の一つは、あちこちのページが切り抜かれて、古本屋に売れるようなものがほとんど残らなかったためだと思う。つまり、ステーションはその〝使命〟をまっとうしたと考えていいのではないだろうか。

アイドルでいこう!

もう一つ、どういう読者層を狙うか、という問題があった。先行三誌にはそれぞれの得意分野があり、これまで培ってきた情報や知識の蓄積がある。そこで、読者を超ビギナーにしぼり、若年層も若年層、中学生くらいまでに年齢を下げることにした。

これには行きがかり上、たまたまそうなった面もあった。どうしても経験の浅い編集部なだけに企画力がなく、新参のうえ先行三誌より部数が少ないので、大物アーティストはあまりインタビューに応じてくれない。ぼくがステーションにきて試行錯誤しているうち、あっというまに一年が過ぎ、またも年末進行という魔物がやってきた。一年前よりはいくらかスケジュールに余裕ができたとはいえ、やはり綱渡り的な進行を続けていた。

そんなとき、A君がやってきて、「新年号の巻頭特集ですが、取材がうまくいかなくてダメになりました」と言う。

「どうしましょう」

どうしましょうと言ったって、入稿は明日である。巻頭ページがあいてしまうじゃないか。いまさら巻頭にふさわしいべつの企画を考えて、取材して、撮影して、原稿を頼んで……そんな時間はない！　泣いているひまさえないので、すぐにできて、カネもかからず、安易でしかも楽しい、読者に受け、売れる、そんな企画が……あったら苦労はしないわい。いや、しかし。

暮れだ。

暮れといえば一年をしめくくる音楽祭だ。レコード大賞と紅白は大晦日だが……。新年号とはいえ、発売は年内だから、一年をしめくくる企画でもさほど違和感はないはずだ。近くにいた編集部員に声をかけて聞いてみた。

「おい、いま何かの音楽祭をやっていないか」

「えーと、そういえば今夜、フジテレビのＦＮＳ音楽祭がありますね」

「なに？　それは取材することになっているのか」

「いえ、ＦＭ誌向きではないので、案内は来ていますがほうってあります」

「それだ」

「どれです」

「フジテレビの音楽祭なら、人気歌手総出演だ。たしか今年は女性アイドルがやたらデビューしたよな」

「そうですね。松本伊代とか、早見優とか、アイドルの当たり年ですね」

「だからそれだよ。すぐカメラマンを手配して、かぶりつきに陣取ってだね、アイドルを片っ端から撮るんだ。女性アイドルばかり、みな同じ大きさで写真をズラッと並べる。

フレッシュ・アイドル全員集合！　写真を見るだけで楽しい。それぞれのプロフィールを入れれば本文の文章なんか少しでいい。明日、入稿できる」

「なるほど！　オンゾウさん、そういう卑怯な手を考えるの、うまいね！」

「誰が卑怯だ。さっさと手配して行ってこいよ！」

　上がってきたページは壮観だった。本当にこの年はアイドルの豊作で、伊代と優ちゃんのほか、小泉今日子、中森明菜、石川秀美、堀ちえみ、三田寛子……彼女たちが並んでいるだけで、じつに華やかな巻頭カラーになった。編集部員たちも嬉々として原稿を書いた。

「オンゾウさんが来てから〝FMステーション〟じゃなくて〝AMステーション〟になったような気がする」というロック好き女性編集部員のぼやきが聞こえたが、ほっといてくれ。とにかくなんとかうまくいった。

　さて、次は新春号だが……。何かまたいやな予感に襲われていると、A君がやってきて、「新春号の巻頭特集ですが、取材がうまくいかなくてダメになりました」と言う。

「どうしましょう」

　どうしましょうと言ったって、入稿は明日である。

「うーん。月並みだけれど、『今年ブレイクするアーティスト大特集』……。いや、おもしろくなさそうだなあ。しかし……。なあ、来年、必ず大ブレイクしそうなアーティストって、誰かいる？」

「それは中森明菜じゃないですかね」

「アイドルかぁ。かわいいの?」

横で聞いていた編集部員が割って入った。

「かわいいですよ!　ちょっとエッチな美新人娘《ミルキーっこ》。〈少女A〉がヒットしていますしね」

「なんじゃ、それ。売れそうもないキャッチフレーズじゃないか。イヤになるな。〈少女A〉っていう曲名もあざとい」

「でも、絶対売れますって。デビュー曲の〈スローモーション〉も、あまりヒットしなかったけど、いい曲ですよ。来生《きすぎ》たかおが曲を書いています」

「いやにくわしいね。来生たかおって、薬師丸ひろ子の〈セーラー服と機関銃〉の作曲家だな。セルフカバーの〈夢の途中〉もよかった」

「明菜って、ちょっと影があるんですよね。ナマイキだって噂だし」

「ナマイキなのか。いいね、それ。決めた!　最初の扉にだね、明菜の写真をドーンと大きく使う。撮影している時間はないから、レコード会社のオフィシャル写真でいい。あとのページは各レコード会社に来年のイチ押しアーティストを挙げてもらって、写真と推薦コメントをもらってくる。それをズラッと並べる。明日中にくれって無理を言っても宣伝部は仕事だからコメント原稿を書いてくれるだろう。……でも、それだけじゃあんまりだな。うん、小林克也さんに〈83年の音楽シーンはこうなる!　この新人がおすすめ!〉というコメントをもらおう。克也さんは忙しい?　今夜、たしか番組の収録があるはずじゃないか。スタジオの前で待ち構えていてだね、終わって出てきたところをつかまえて話を聞くんだよ。そうだ、いまから克也さんの似顔イラストをYさんに頼んで、明日中にあげてもらえ」

「それは卑怯……ではないかもしれませんが、いいんですかね、FM誌でアイドル続きというのは」

「明菜がいいと言ったのはきみたちじゃないか。だから、ほかのイチ押しアーティストは洋楽のマニアックなのも入れてバランスをとるんだよ。そのために克也さんのコメントをとるんじゃないか、さっさとやれ。それ行けー！」

ことわっておくが、いつもいつもこんなことをしていたわけではないし、A君がしょっちゅう特集に穴をあけていたわけではない。ふだんは額を集めて企画を練り、余裕をもって取材を進めるのだが、なにしろ経験不足からくる混乱、人手不足によるオーバーワーク、新規参入のための素材の蓄積のなさから、創刊当時はこういうドタバタがままあったのだ。

「ケーハク」極まりない

だが、これでクセがついてしまったのかもしれない。「アイドル」は『FMステーション』が積極的に取り上げるジャンルとなり、その後、明菜にインタビューして「中森明菜主義！」というわかるようなわからないような特集タイトルを付けたのはともかく、毎年のように旬のアイドル大集合のような企画をやったり、「アイドルうきうきトーク／アイドルことは美しき哉《かな》」などという連載まで始めてしまった。

そのせいで、当時から「FM誌らしくない」「軽薄きわまりない」と内外で非難ごうごうだった。

いまでもそうだ。先日、何かのブログを読んでいたら、「『FMステーション』という雑誌が昔あった。これは〝軽薄〟を通り越して〝ケーハク〟とカタカナで書かねばならないほどだった」というような記事があった。これはやはりFMとはハイブロウなもの、という観念が根強くあったせいだと思う。

だが、ぼくにも一応のリクツはあった。アイドル歌謡とはいうが、そのサウンドメイクは日本のポップスや洋楽のヒット曲ともはや変わりはなかった。前章で述べたように、作詞・作曲、アレンジともニュー・ミュージック系の才人たちが手がけるようになっていた。しかも、アルバイトや金儲けというより、積極的に実験的な音づくりをしていたケースがほとんどだった。

同時期、シブがき隊の八二年のヒット曲「100%…SOかもね！」の作曲者、井上大輔氏はGS（グループサウンズ）の元ブルー・コメッツのメンバーで、「ブルー・シャトウ」をはじめ、グループのヒット曲のほとんどを書いたジャズ出身のミュージシャンだが、その彼が、あるときラジオでこう語っていた。

「シブがき隊のこの曲は洋楽サウンドのつもりで書いた。自分の曲ではこういう冒険はできないが、アイドルのレコーディングには費用と時間が十分にかけられるから、いいミュージシャンを集めて、そのときの最新の音づくりをすることもできる」

記憶によって書いているので、多少のニュアンスの違いはあるかもしれないが、そういう趣旨の発言をしたあと、「歌詞を英語に替えて歌ってみれば、それがよくわかってもらえると思う」と言い、ボーカル部分をみずからの英詞の歌に差し替えたものを流した。

「Come on in《かもね》, Come on in《かもね》, So Come on in《そうかもね》……」

本当に洋楽っぽく聞こえたかどうかはともかく、おそらくそういう気持ちでアイドル歌謡にかかわっていたポップ・アーティストは多かったと思う。

何しろ、自分たちが現役の時代には、いくら斬新なサウンドをつくろうとしても、予算とスタジオ使用時間をギリギリまで切り詰められ、ベースにファズをかけただけで「せっかくクリアな音を録《と》ろうとしているのに音を歪ませるヤツがあるか！」とミキサーに怒鳴られた哀れな世代である。ロックというだけで差別され、不遇の日々を送っていた人たちである。それが、八〇年代になってみると、人気アイドルの曲なら、カネと機材とスタジオは使い放題、あの頃できなかった実験だってやりたい放題である。しかも、よくできた売れ線の最新サウンドなら、かわいい歌手が歌うに越したことはないではないか。しかもアイドルの歌唱力も一時期と違って格段にあがっていて、もはやかつての風吹ジュンや浅田美代子の歌のようなことはありえなかった。

「アクション・ジャーナル」みたいなページがほしい

とはいえ、誌面には硬派な部分も出したかった。そのため、マニアックなロック・ミュージシャンや、マイナーでも実験的な音楽をつくるアーティストもそれとなく取り上げるようにした。さらに「つまらない新譜はつまらないと書いてもいいよ」と担当者には言ったが、レコード紹介で批判的なことを書くと、「悪口を書くなら取り上げないでください」とレコード会社に言われた。そこらへんが難しい。

また、音楽業界には決まった書き方があるらしく、短い記事だとほとんど文章が同じになってしまう傾向があった。たとえば、こんな感じだ。

「デビュー・アルバム『○○』が絶賛を浴びた××。そんな彼のニュー・アルバム『□□』がリリースされた。以前にも増して意欲的な傑作だ。△月からは全国ツアーがスタートする。××から当分目が離せそうもない」

「ニュー・アルバム『□□』をひっさげて全国ツアーをスタートさせた××。チケットは各地でソールドアウト。よりパワーアップしたステージが楽しめる」

何にでも応用のきくこうした〝定型文〟は、いまだに音楽誌で使われていることがあります。一時期はアーティストの音楽的なあり方を「凛としたたたずまい」なんて書くのがはやったりしたけれど、これもいまでもときどき見かける言い方だ。「頼むから○○と××と□□のところに何をあてはめても大差ないような記事を書かないでくれ。第一、〝傑作〟がそう毎月毎月何枚も出てたまるものか。『サージェント・ペパーズ』や『原子心母』が泣くわ」

ぼくは担当者にしょっちゅう文句を言いながら、骨っぽい辛口の文章を書くライターを探していた。

ちょっと話はそれるが、当時はマンガ週刊誌の中で『漫画アクション』が群を抜いておもしろかった。大友克洋の「気分はもう戦争」(原作は矢作俊彦)や、どおくまんの「嗚呼!!花の応援団」、長谷川法世《ほうせい》「博多っ子純情」、はるき悦巳《えつみ》「じゃりン子チエ」などの連載マンガはもちろんだが、なんといっても「アクション・ジャーナル」という書評、時事、エンターテインメントなどのジャンルを取り上げた匿名のコラムページが読みごたえがあり、じつに刺激的だった。〝軽薄〟な記事に加えて、こういうページができないだろうかと真剣に考えた。

とりあえず、このコラムに音楽記事を書いているライターを見つけてステーションに書いてほしくて、探し出したのがロック評論家の山本智志氏だった。山本さんにはステーションのメインのロック・ライターとして記事を書いてもらい、いまだにつきあいがあって、会えばロック談義がつきない。

ちなみに、のちに明らかになったこのページの匿名コラムニストは、呉智英、亀和田武、関川夏央、堀井憲一郎ほかの各氏。すごいメンバーだったのだ。

思わせぶりなオフコース

さまざまある悩みのうちの一つは、旬のビッグ・アーティストが、実績もなく、売れてもいない『FMステーション』のインタビューになかなか応じてくれなかったことだ。そもそも、アーティストがインタビューに応じるのはニュー・アルバムなりツアーなりのプロモーションのためである。事務所とレコード会社、ときにはアーティスト本人も加わって、今度のプロモーションに効果的な媒体を検討し、アーティスト・イメージに合った、影響力のあるメディアを選ぶわけだ。紙媒体ならこの雑誌とあの新聞に取材してもらおう、というように選んでいく。

だから「『FMステーション』？　そんな聞いたこともない雑誌のインタビューをなんでオレが受けなきゃいけないの？」とアーティストに言われたこともあった（らしい。直接耳にしたわけではないが、レコード会社のプロモーターから聞いた）。

中でも、まったく相手にしてくれなかったのがオフコースだった。プレ創刊号から始まって、いくら取材のオファーをしてもケンもホロロ。いっさい取り合ってもらえなかった。八二年の六月に日本武道館連続十日間公演を行い、七月にはニュー・アルバム『I LOVE YOU』をリリースして、これで解散かという噂が広まって、ファンのみならず、オフコースへの音楽ファンの関心はいやがうえにも高まっていた。だから、ステーションとしてもぜひ記事にしたい。だが、インタビュー取材どころか、カラーの公式アーティスト写真さえもらえない。それでも、なんといってもいま話題の中心だからオフコースは取り上げたい。

やむを得ず（?）、オフコース批判を毎号コラムで取り上げることにした。「アルバム『Ｗｅ ａｒｅ』と、続く『ｏｖｅｒ』の二枚のタイトルをつなぐと〝Ｗｅ ａｒｅ ｏｖｅｒ〟――ぼくらは終わりというメッセージになる。だが、オフコース自身は解散するともなんとも言っていない。これは、その気がないのに解散するようなそぶりを見せ、これが最後かもしれないとファンに思わせて武道館に足を運ばせようという姑息なやり方ではないのか。そんな商売をしていいのか」

そんな趣旨のことを、遠まわしに毎号少しずつ書くのである。あるときは「解散するのかしないのか。思わせぶりなオフコース」というストレートな見出しをつけた。じつは解散ではなくて、小田和正と並ぶグループの顔だった鈴木康博が脱退するのだという情報を得ていたが、さすがにそこまで書いてしまうと業界の仁義に反する（らしい）ので、「解散と思わせておいて、意外にただのメンバーチェンジだったりして」みたいなことを書いたら、ついにレコード会社の人が乗り込んで来て、「こういう記事はやめてください」と抗議された。

「もういいじゃありませんか。たしかに鈴木康博はグループを脱退してソロになります。

もちろん、まだ極秘です。鈴木がソロ・デビューするとき、オフコースが四人で活動再開するとき、それぞれステーションの取材については検討することにします。だから、もうこういう記事を書くのはおしまいにしてください」

そんなこと言われたってなぁ……。

その晩も徹夜だった。編集部で邦楽担当のA君と、FM情報担当のI君と三人で、このころはずっと徹夜作業が続いていた。深夜の編集部は笑いが絶えなかった。こう書くと楽しそうだが、ずっと寝ないでいるとつまらない冗談でもおかしくて笑いころげたりするだけなのだ。どちらかといえば常軌を逸しているのである。

話題が自然にオフコースのことになった。

「ベースの清水仁っていう人、昔、ビートルズのコピー・バンドにいたんだって。バッド・ボーイズっていう。オンゾウさん知ってますか?」

「バッド・ボーイズ、知ってる!『ミート・ザ・バッド・ボーイズ』っていうビートルズの日本盤ファースト・アルバムを完全コピーしたアルバム出してた!へーえ、そうなんだ。思い出した。一度、デパートの屋上でライブやっているのを見た!」

デパートの屋上、というのが受けて、三人で大笑いした。ふだんの正常な状態なら、おかしくもなんともない。

「コンサートでね、小田さんが〝きみを抱いていいの―〟って歌いながら、そっと涙をふいたんですよ」とA君が言って、また三人爆笑。何がそんなにおかしいのかわからないが、とにかく睡眠不足だとおかしいのである。笑いがおさまって、しばらくみな黙々と仕事を始めたが、そのうち誰かがテープをかけたらしく、オフコースの曲が流れ始めた。やがて「さよなら」が始まると、アタマからA君が一緒に歌い出した。そして……サビの部分では三人一緒になって大声で歌っていた。

「さよならー、さよならー、さよならー」

曲が終わってから、ぼくが突っこんだ。

「なんだきみたち、オフコースの悪口をあんなに言ってたくせして」

「オンゾウさんこそオフコースは軟弱だって言ってたじゃないですか。ぼくは立場上、批判していましたが、ホントはオフコース好きなんです」とA君。

「行きがかり上、みんなと話を合わせていましたが、ぼくもオフコースの歌、けっこう好きです」とI君が続ける。

「それじゃダメじゃん。しょうがないな、しばらくオフコース批判記事はやめようか」

で、爆笑。

……ということで、矛《ほこ》をおさめることになった。なんのことやら。いまでも「さよなら」を聴くと、この夜のことを思い出す。

広告を出さないメーカーの製品は取り上げるな!

売れない雑誌というのは悲しいものである。もしかしたら、これが最大の問題かもしれないが、広告が入らない。

雑誌の性格にもよるが、多くの場合、広告が入るか入らないかは死活問題である。広告収入が雑誌の大きなウェイトを占めるからだ。これは雑誌に限ったことではない。新聞、ラジオ、テレビならなおさらである。広告を出すほうにしてみれば、費用対効果のある媒体に出したい。部数が出ている雑誌なら、それだけ多くの人の目にふれるわけだから、部数の多いほうに出したがるのが人情だ。だからといって、なんでも大部数ならいいというわけではない。読者層と商品の関係がある。たとえば高級コンポなら、『FMステーション』に広告を出すより、大人でおかねがあって本格志向の読者が多い『FMｆａｎ』に出したほうが効果がある。では若者向けのラジカセやミニコンポは、といえば『FMステーション』より部数が断然多く、オーディオ記事の多い『FMレコパル』に出したほうがいい。要するにステーションは立つ瀬がない。

「いや、まだ創刊まもない雑誌ですから、二、三年後に期待しています。先行投資のつもりで応援します」と言って広告を出してくれるありがたい広告主《クライアント》もいた。バブルへと向かう、いい時代であったこともたしかだが、アカイ、富士フイルム（当時はカセットテープをつくっていた）はじめ、これらのメーカーにはいまでも感謝している。ほんとうにうれしかった。

逆に、どうしても広告を出してくれないメーカーもあった。広告部が何度も頭を下げてお願いにいっても、どうしてもウンと言ってくれない。たとえばカセットテープのナンバーワン・メーカーT社と、のちにビデオ戦争でソニーを打ち負かすV社である。

広告部としては、広告獲得策として、「記事でこのメーカーの商品をどんどん取り上げてくれ。そうすれば向こうだって一度くらいはつきあってくれるだろう」と編集部に言ってくる。

一時期、小さな広告代理店にいたこともあるぼくとしては、広告営業部の苦労がいやというほどわかるから、「じゃあ、まあ公平な観点で試聴記でも……」と考えた。「各社のカセットテープ聴き比べ」という企画をやろうとしたとき、まだ病院にいたボスに、何げなくこの話をした。そうしたら、ボスは「T社の商品ははずせ。取り上げるな」と言い出した。ひえー。

「向こうが広告を出さないというなら、こっちも無視するまでだ。いいか、広告を出すまで、今後、T社とV社の記事はいっさい禁止だ！」

すごいなあ、そうきたか。しかし、カセットテープの聴き比べ記事に、シェア一位のメーカーの商品が載っていないというのはちょっとマズいのではないか。いかにも意図的にはずしたことがバレバレである。しかし……。

ボスのやり方や命令に、ぼくは内心で反発することのほうが多かったが、いやもうここでは肚をくくった。それもわるくないな、と思ったのである。なぜ自社の商品が『FMステーション』に載らないのかはそのメーカーの宣伝部（つまり広告を出す人）

にはすぐわかるだろうし、広告を載せるに値しない雑誌と判断しているのなら、その雑誌に記事が載らなくても痛くも痒くもないはずだ。よーし、ケンカだケンカだ！（しかし、ケンカ相手が多くて胃がいたくなるなぁ！）ただ、広告部には申し訳なく思っていた。

案の定、雑誌ができあがると広告部のKさんから電話があった。

「T社に何か言われたら、なんて答えようかなぁ」

「うーん……ナンバーワン・メーカーであるT社の製品は、誰もがもうその高性能を知っているから、あえてはずしました。リスナーがその音質を知りたがっているカセットテープを集めて試聴したのです……。そんなところですかね」

「苦しいなぁ（笑）。でも、わかった。そう言っておくよ」

Kさんはいつも文句ひとつ言わない剛毅な人だった（いまは故人となってしまわれた。あらためて合掌）。こういう人たちが創刊当時の『FMステーション』を支えてくれていた。

そうだ、D日本印刷のK松沢さんも忘れてはいけない。いつもいつも入稿が遅れ、しわ寄せはみんなK松沢さんのところにいっていた。若い担当者は何人も交代したが、彼だけはずっとステーション担当だった。ステーションが売れ出したときには編集部みんなで「D日本印刷正門の横にK松沢さんの銅像を建てよう！」と言っていたものだが、（あたりまえだが）果たせなかった。

悪戦苦闘のすえ、ついに休刊か……

この時期ほど、必死で働いたことはなかったと思う。せっかく取材してきたものを、「こんなのが記事になるか。こういう写真とああいう写真がたりない。もう一度撮影し直してこい」とやり直させたり、あがった原稿をすべて書き直させたり、ということも少なくなかった。編集部員にずいぶん無理を言ったこともあったから、いまでもときどき思い出しては胸が痛むことがある。あのころぼくも若かった。ごめんねI君、こまらせちゃって（本当に反省しているのだろうか）。

八二年にサイモン&ガーファンクルが再結成し、初来日したときのことだ。七〇年に解散した二人が、前年の八一年九月にニューヨークのセントラル・パークで開催した再結成チャリティ・コンサートに五十三万人もの観客が集まり、気をよくしたのか、その流れでワールド・ツアーまで始めてしまった。その一環として来日し、後楽園球場と大阪球場でコンサートを行っている。来日前から日本のファンのあいだで大きな話題になっていた。

ところが、編集会議にあがってきた企画の中に、サイモン&ガーファンクルの「サ」の字もなければ「ガ」の字もない。洋楽担当のAさんに、聞いた。

「いまサイモン&ガーファンクルの来日が話題になってるじゃない。なぜ取り上げないの？　解散から十年以上たっているわけだし、最盛期を知らない若いリスナーもいるから、彼らのキャリアとかディスコグラフィを載せて特集したっていいと思うけど？」

　すると開口一番、彼女が言った。

「だって、S&Gなんて私、興味ないもの」

　これにはついカッとした。台割用紙を投げつけて、

「きみの好みでこんなトピックを無視されてたまるか！　好き嫌いにかかわらず、これだけの大きなニュースは、どの雑誌も取り上げる。ウチだけに載らないなんて、そういうのを〝特オチ〟って言うんだ、覚えとけ！　きみがやらないならぼくが直接担当する！」とどなってしまった。

　Aさんは、編集の仕事こそ初めてとはいうものの、国立大学一期校を首席で卒業したという才媛で、前に勤めていた会社でも一目おかれたキャリアウーマンだった。妥協を知らず、コアなロックが好きだったから、その点では頼もしかったが、こういうときには困った。

　A君は「あれで初めて〝特オチ〟という言葉を知りました」とノンキに笑いながらよく言っていたが、いや、正確にいえば、じつはちょっと意味が違う。カッとしたものだから、つい思いついた言葉を口走ってしまっただけだ。

　ついでに思い出したが、大阪球場のステージで、ポール・サイモンはファン・サービスのつもりか阪神タイガースの帽子をかぶっていた。しかし、いくら大阪だからって、

阪神タイガースの本拠地は甲子園球場であって、大阪球場なら南海ホークス（現福岡ソフトバンクホークス）だろ！――とツッコミを入れながらも、なんだ、サイモンっていいヤツじゃないかと微笑ましかった。じつは、この来日時から彼は阪神タイガースのファンになったそうで、その後、アメリカにいても阪神の成績をしょっちゅう気にしていたという。ホントにいいやつなんだ（ぼくは近鉄バファローズ・ファンだったが）。

それはともかく、本来は事なかれ主義者のぼくも、さまざまな軋轢《あつれき》もいとわずスタッフたちと一緒に必死で働いた。みんなの努力がむくわれて、『FMステーション』はどんどん売れ行きを伸ばしていった……なんて、ご都合主義のドラマじゃあるまいし、世の中それほどうまくいくわけがない。

少しずつ部数は上向いてはいたけれど、事態はさして好転することもなく時が過ぎ、八三年もようやく春に向かおうとしていた。

この間にボスは退院し、カードラとステーション編集部は移転して、同じビルに入ることになった。一階と地下のフロア全体を借り切り、一階はカードラと総務とボスの部屋、地下に撮影スタジオ兼試聴室、デザイン室とステーション編集部が入っていた。地下は窓がないから息苦しく、売れているカードラと露骨に差別されている気分だった。

ある夜のこと、めずらしく社の全員が早めに仕事を終えて帰り、もっとめずらしいことに、ボスとぼくが最後になった。

ボスが玄関に鍵をかけながら、さらにめずらしく急に立ち話を始めた。

「このあいだ本社で取締役会議があってな。このままの状況が続くようなら『FMステーション』は休刊という方向で話が固まった」

いきなりだったので、「はあ……そうですか」としか言いようがなかった。

「よっぽどのことがあれば別だが……突如として爆発的に売れ始めるとかな、まあそんなことはありえないから、事実上、再来月くらいで休刊だ。覚悟はしておけよ。おれがずっとやっていれば売れただろうけどな。ま、きみもきみなりによくやったよ。もちろん、これはまだ極秘だぞ。誰にも言うなよ。じゃあな」

「はあ、お休みなさい」

そうか。フッと肩の重荷がおりたような気がした。まだ時間が早いので、近くの行きつけのバーに行って、マスターとハード・ロック談義をした。解放感からぼくはむしろ上機嫌で、以前マスターが勤めていた店にレインボーのドラマー、コージー・パウエルが来たときの話を聞いて喜んだりしていた。

突然吹いた神風

ところが、その「よっぽどのこと」が起こり始めた。「本屋でステーションが手に入りにくい」という読者からのハガキが多くなっていることには気づいていたが、書店があまりたくさん置いてくれないからだろうと思っていた。それが、ふと気がつくと「どこへ行っても売り切れだと言われる」というニュアンスに変わってきている。「もしかして売れている地域があるのかな。そういうところの書店に重点的に配本してもらえばよかったのに」などと思い始めたころ、一週間調査でほぼ完売、という数字が出た。

「一週間調査」というのは、東京と大阪の主要書店にたとえばステーションが何部入って、発売から一週間でそのうち何部が売れたかを調べて表にしたものだ。六〇〜七〇%売れていればまあまあ、八〇%を超えたら大成功。九〇%なら宴会でドンチャン騒ぎ、ということになっている。ところが、その数字は九五%を超えていた。店頭に置いているあいだに立ち読み客が汚したりして商品にならなくなるものもあるので、これは限りなく一〇〇%に近い数字だった。

販売部から電話があった。

「やったじゃないか。どの企画があたったんだろう？　それはともかく、次号は部数を上乗せしてみることになったよ。よかったよかった」

広告部のKさんからも電話があった。

「〇〇社の宣伝部の人にきょう言われたんだけど、『FMステーション』読者からの新製品のカタログ請求がダントツに多かったんだって。すごく喜んでいたよ」

そういうKさんの声もとてもはずんでいた。

なぜステーション読者からの請求だとわかるかといえば、広告のカタログ請求のあて先で、どの雑誌に載せた広告の反響かわかるようにしているからである。たとえば

『FMステーション』なら「FS係」、『FMレコパル』なら「FR係」（実際にこういう略語だったかはわからないが）というように。つまり、広告の反響がいちばんよかったのが『FMステーション』だったというわけである。

まずおそるおそる部数を二、三万部上乗せしていたのが、つぎは五万部、また五万部、というように大胆になり、発行部数はどんどん伸びていった。休刊の話は立ち消えになった。

まさに〝神風〟が吹いたかのようだった。

第3章　FMと番組表とカセットテープ
——音楽をエアチェックする時代

番組表のジレンマ

自分がかかわるようになって、FM雑誌というのは不思議な存在だとあらためて思った。

音楽誌というのは、ポピュラー音楽専門誌（長く『ミュージック・ライフ』誌がそう謳っていた）とか、ロック雑誌、くだっては『BURRN!』のようなヘヴィメタ専門誌、『スイングジャーナル』のようなジャズ雑誌、『レコード芸術』のようなクラシック専門誌、あるいはラテン音楽専門誌……というように分かれているのが普通である。ジャンルごとにファンが異なるからだ。

それに対してFM誌は番組情報が基本だから、FMで流れるものなら、ドリフターズ、小泉今日子からパヴァロッティ、東儀秀樹まで、何でも取り上げられる。テレビ雑誌がNHK大河ドラマにからめて戦国時代の記事を掲載するかと思えば、科学ミステリードラマにちなんで脳の特集をするのと同じようなものだ。だから一般の音楽誌とはやはり性格を異にしている。もっとも、こういうジャンルの混交というのは、ぼくは嫌いではない。

一九七二年の秋、結局幻に終わったローリング・ストーンズ初来日公演のチケットをとるため、徹夜でプレイガイド窓口前に並んですわり込んでいたとき（当時は電話予約などなかったのです）、退屈をもてあました長い行列のどこかから、トップアイドル天《あま》地《ち》真理の最新ヒット曲「虹をわたって」を誰かが大声で歌い始めた。すると、なんということであろう、コアなストーンズ・ファンばかりのはずが、すぐに合いの手が入って大合唱になったのである。

「虹の向こうは」

「マリちゃん！」

「晴れなのかしら」

「マリちゃん！」

歌が終わると拍手の嵐。このとき行列していたストーンズ・ファンの若いモンの心は、マリちゃんを媒介として一つになり、連帯感が芽生えたのである。音楽というものはジャンルを超えて楽しめれば、それがいちばんだ。

アイドルからマエストロまで、一見、水と油のようなジャンルの記事が並んでいてもFM誌なら違和感がないのは、それらが〝FM〟というキーワードで結びついているからだ。

つまりFM雑誌の核となるのは、なんといっても番組表なのである。

FM各誌の番組表は、隔週土曜日が最終入稿日になっていた。それから印刷・製本に入り、それを終えて月曜日に見本、水曜日には遠隔地の一部を除く全国の書店に並ぶというハードスケジュールだった。

各誌に番組班というグループがあって、〝本体〟である編集部とは別に（じつは番組表のほうが本体なのだが）、子会社や編集プロダクションに外注するのが一般的だった。それほど人手を必要とする大変な作業なのである。

番組班では各ＦＭ局の担当を決めて、その号に掲載する二週間分の番組内容とオンエア予定曲目表を各局の広報から受け取ってきて、それを原稿にするのだ。こう言ってしまえば簡単なようだが、番組内容、ましてオンエア予定曲目などそう簡単に決まるものではない。

考えてみよう。隔週水曜日発売のＦＭ誌に掲載されているのは翌週月曜日から二週間分の番組表である。番組表最後の日曜日は、発売日から十八日後。入稿締め切りはその前の週の土曜日午前中だから、それから数えれば二十二日後である。言い換えれば、ＦＭ局にしてみればギリギリでもオンエア当日の三週間前には、番組の内容とオンエア曲目を決めてＦＭ誌に知らせなければならないのである。これはかなりやっかいな話だ。とくに生放送の場合など、そんなに早く決められるものかと言いたくもなるのである。

一度、ＮＨＫ－ＦＭの某番組で、パーソナリティがぼやいていたことがある。はっきり覚えていないが、おそらく何かの話題があって、それにちなんだ曲をかけたいのだが、「ＦＭ誌に情報を掲載するため、じつは一か月前にはもうオンエアする曲目が決まっているからかけられないのだ。困ったことだ」と正直なところを語ったのである。これは、たしか九〇年代になってからの話だが、おそらくそのずっと前から番組制作側は常にそのジレンマに悩んでいたはずだ。

たとえば、きょうは一日中雨だから、DJが「きょうは雨の曲を特集したいな」と思っても、かける曲目はとっくに決まっているから変えられない。逆に、オンエア日は梅雨時だから、「この日は雨にちなんだ曲セレクション」と、数週間前に発表していたとする。ところが、空梅雨でちっとも雨がふらず、その日もカラッと晴れていたりすると、どうも間が抜けた感じになる。生放送なら「きょうはお百姓さんたちのための雨乞い特集ですね」とかわすこともできるが、事前に収録したものだと、天候次第でトークがちぐはぐになってしまいかねない。

なにしろ制作部も忙しいし、いろいろ都合もあって番組表の締め切りまでに曲目が決まらないこともままある。NHKの「サウンドストリート」のように、確信犯的に曲目を出さない番組もあり、そういう場合は番組欄には「曲目未定」と印刷せざるをえなくなる。

佐野元春、坂本龍一、渋谷陽一、山下達郎といったそうそうたるメンバーが曜日ごとにパーソナリティをつとめる「サウンドストリート」のような人気番組の場合、当日まで何がかかるかわからないことがかえってエキサイティングで、リスナーをわくわくさせるといった逆説的な効果もあった。こういう番組に関しては、各誌とも次号に「先週未発表の曲目」として掲載することにしていた。

そういったことが、のちにJ-WAVEなどから問題提起されるのだが、それはもうちょっとあとの話。

番組班の悪戦苦闘

余談だが、「雨の歌」名曲セレクションというのはありがちで月並みな企画とはいえ、八〇年代だったらどんな曲が選ばれていただろうと考えてみるのも楽しい。ふと思いつくだけでも、たとえばスタンダードや懐かしの名曲なら――。

雨にぬれても（B・J・トーマス）／雨のジョージア（ブルック・ベントン）／雨（ジリオラ・チンクエッティ）／シェルブールの雨傘（ミシェル・ルグラン）／雨の訪問者（フランシス・レイ）／悲しき雨音（カスケーズ）／レイン（ビートルズ）／雨を見たかい（CCR）／はげしい雨が降る（ボブ・ディラン）／雨の日と月曜日は（カーペンターズ）／雨上がりの夜空に（RCサクセション）／雨が降りそうだなあ（及川恒平）／雨が空から降れば（六文銭）／たどりついたらいつも雨ふり（吉田拓郎）／晴れ時々にわか雨（モップス）／雨の糸（ザ・フォーク・クルセダーズ）……。

七〇年代後半から八〇年代にかけてのヒット曲なら、雨に泣いてる…（柳ジョージ&レイニーウッド）／雨音はショパンの調べ（ガゼボ、小林麻美）／ドラマティック・レイン（稲垣潤一）／バカンスはいつも雨《レイン》（杉真理）／雨のウェンズデイ（大瀧詠一）

……おお、なつかしい歌がいくらでも出てきて、きりがないぞ。

現代だったら、スキマスイッチとか倖田來未《こうだくみ》とかゆずとかの曲が入って、これもまったく違う選曲になるのだろう（いまどきのヒット曲はほとんど知りませんが）。

ま、それはともかく、各局ともFM誌には協力的だったから、なんとか締め切りまでに放送内容とオンエア曲をディレクターが「番宣（番組宣伝の略）シート」に書き出して番組表担当者にわたしてくれる。それを待っていられない場合は、直接ディレクターのところへ行って話を聞き、予定曲を書き取って持ち帰るのである。ディレクターも大変だが番組表担当者も大変なのだ。

ただNHKの場合、広報からオフィシャルに発表したものを掲載させるというタテマエがあって、ディレクターへの直接取材は〝黙認〟という形をとっていた。ディレクターに取材したものを一応広報に見せて了解をとり、あくまで「広報からいただいた」ということにするのである。これはNHK自身のお役所的体質によるものなのか、あるいは広報担当者の体面を重んじたせいなのか、それはどちらともいえない。

ただ、某NHK担当者は「番組はリスナーのためにあるのだ。FM誌の番組表締め切りのためにあるんじゃない」とよく言っていた。ごもっともです。ごもっともですが、そこをなんとか……と、ときには各誌のデスクや編集長も顔を出してゴキゲンうかがいをしなければならなかった。

四誌がライバル意識に燃えてシノギを削っていても、FM雑誌の〝本体〟でありながら縁の下の力持ちに甘んじている各誌の番組班には横のつながりと連帯感があったらしく、おたがい情報をわかちあうこともあったようだ。各誌の番組班はしょっちゅうFM局で顔を合わせるから、「あの番組の特集、決まったかどうか知ってる?」「このあいだ助けてもらったお返しに教えるよ。あれはね……」という会話もあったと聞いている。

締め切りが迫ると、番組班は印刷所の一室に詰めて、できたものから原稿をどんどん印刷に回していく。もう番組班編集部の別室のようなもので、文具用品や資料なども置きっぱなしだったりした。

当時のことでワープロ、パソコンはなく、手書きで番組表専用の原稿用紙のマス目を埋めていく。締め切り間際になってあわてていると、書き間違いはあるし、読みにくい文字だと印刷所で写植を打つときに間違えることもある。しまいには校正する時間がなくなることもあるから、読者には申し訳ないが、番組表の誤字・脱字はままあった。

雑誌『宝島』の読者投稿コーナーを単行本化した『VOW』を読んでいたら、『FMステーション』の番組表の誤植がネタにされていた。

甲斐よしひろの「電光石火BABY（ベイビー）」が「電光石灰BABY」に、ポリスの「高校教師'86」が「高橋教師'86」になっていたのである。なぜ「火」に「厂」がついて燃え尽きて「灰」になってしまったのか……。ポリスのほうは「校」の手書き文字が「橋」に見えてしまったのでしょうね。読者の皆さん、ごめんなさい。

とにもかくにも、この番組ではこれこれの曲がかかりますと完全なオンエア曲目を掲載するのが、FM誌読者の要望にこたえることになるのだが、なかなかそういうわけにいかないのが実情だった。それでも番組班はできる限りのことをしなければならない。

曲を途中でフェイドアウトして終わらせたり、イントロにパーソナリティのトークをかぶせたりせず、一曲一曲、完全にプレイするのが当時のFM番組の〝売り〟だったから、エアチェックに便利なように、一曲一曲の演奏時間と合計時間まで掲載するという、じつにきめ細かいサービスまで各誌の番組表は行っていた。

もちろん、そういう情報が番宣シートに出ていなければ、各番組班が調べるのである。かつてはほぼすべてのレコードやCDに収録曲の演奏時間が載っていたものだが、ある時期から掲載されないことも多くなった。そういうときには、担当者がストップウォッチを持って演奏時間を計測するのである。涙ぐましい努力である。

エアチェックに必要なのは集中力

番組表に載っている演奏合計時間をもとに、あるいは自分の録音したい曲だけの演奏時間を計算して、六〇分とか四六分とかの収録時間のカセットテープを選ぶ。四六分テープというのは一般的なLPを片面ずつ録音するのにちょうどいい長さということで発売されたのだそうだが、エアチェック・ブームとCDの登場によって、八〇年代には五〇分、七〇分、八〇分など、さまざまな収録時間のカセットが発売されるようになった。

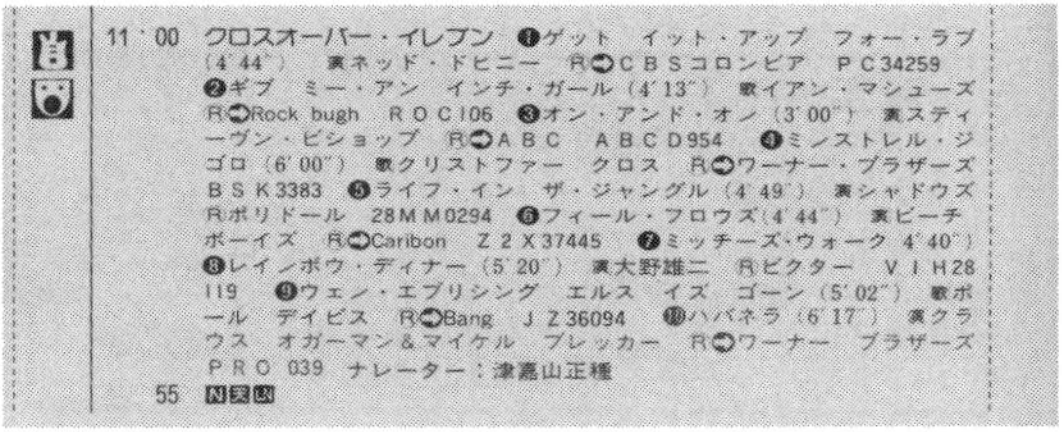
11：00　クロスオーバー・イレブン　❶ゲット　イット・アップ　フォー・ラブ（4'44"）　演ネッド・ドヒニー　Ⓡ➲ＣＢＳコロンビア　ＰＣ34259　❷ギブ　ミー・アン　インチ・ガール（4'13"）　歌イアン・マシューズ　Ⓡ➲Rock bugh　ＲＯＣ106　❸オン・アンド・オン（3'00"）　演スティーヴン・ビショップ　Ⓡ➲ＡＢＣ　ＡＢＣＤ954　❹ミンストレル・ジゴロ（6'00"）　歌クリストファー　クロス　Ⓡ➲ワーナー・ブラザーズ　ＢＳＫ3383　❺ライフ・イン　ザ・ジャングル（4'49"）　演シャドウズ　Ⓡポリドール　28ＭＭ0294　❻フィール・フロウズ（4'44"）　演ビーチ　ボーイズ　Ⓡ➲Caribon　Ｚ２Ｘ37445　❼ミッチーズ・ウォーク　4'40"）　❽レインボウ・ディナー（5'20"）　演大野雄二　Ⓡビクター　ＶＩＨ28119　❾ウェン・エブリシング　エルス　イズ　ゴーン（5'02"）　歌ポール　デイビス　Ⓡ➲Bang　ＪＺ36094　❿ハバネラ（6'17"）　演クラウス　オガーマン＆マイケル　ブレッカー　Ⓡ➲ワーナー　ブラザーズ　ＰＲＯ　039　ナレーター：津嘉山正種
55

『FMステーション』1984年12月5日号の番組表より
エアチェックされそうな番組にはしっかり曲の演奏時間が入っている。

八五年の『FMステーション』に掲載されているデンオン（現デノン）のノーマルテープDX3の広告を見ると、四二分、五〇分、六〇分、八〇分、九〇分の「豊富なバリエーション」ということになっている。なぜ四六分の代わりに四二分なのかがわからないが、それよりもこのCMキャラクターが笑福亭鶴瓶なのがスゴイ（若い！）。関東ではなかなか人気が出ずに一回目の東京進出に失敗していた時期だから、デンオンの〝英断〟には頭が下がる。

リスナーは番組が始まるとRECボタンを押して録音をスタートさせる。民放FMの場合だと、CMになるとポーズ（一時停止）ボタンを押していったん録音を停止し、曲が始まると録音再開、といった作業を繰り返す。トークをすべてカットしたい場合はポーズボタンを駆使することになる。ぼくはポーズボタンを押したまま眠ってしまい、番組をまるまる録音しそこねたことがある。エアチェックもなかなか集中力を必要とする。

片面が終わるといったんテープを取り出して裏返さな

ナカミチ「RX-505」
当時カセットデッキでオーディオ界にその名をとどろかせていたナカミチから、1983年に発売されたオートリバースカセットデッキ。（写真提供：ナカミチ販売株式会社）

ければならない。そのタイミングがまた難しい。曲の途中で裏返すハメにならないように、切りのいいところで一度録音を停止しなければならないが、かといってそのタイミングが早すぎると、裏面がテープの途中から始まることになり、残りの録音時間も短くなってしまう。

その点で便利なのがオートリバースデッキだった。片面のテープが終わるとヘッドを回転させ、自動的に続けて裏面に録音してくれるもので、一瞬音が途切れるのだが、少なくとも大きな失敗はない。音切れがさほど気にならないクイック・リバースというデッキもあった。

ただ、音にうるさい人に言わせると、フォワード側とリバース側で音質に差が出るのが欠点ということになる。テープと録音・再生ヘッドとのアジマス（接触面の垂直度）がずれるためだそうだが、正直言って、ぼくくらいのレベルでは「そう言われてみればそうかなあ」くらいですんでしまう程度である。

ところがマニアやメーカーにとっては大問題で、この欠点を克服するためにさまざまな工夫がなされていた。豪快だなあ、と感心したのが、ナカミチの「RX－505」というデッキだった。広報の人が編集部までデモンストレーションに来てくれたのだが、これはなんとカセット本体を一八〇度回転させてグルッと裏返してしまう荒技を使うのである。いやあ、びっくりした。まるでからくり人形かロボットみたいだった。

ところがなんと、世界初のオートリバースというのはアカイが一九七〇年に発売した「CS－50D」というデッキだそうだが、これがやはりカセット本体を回転させる方式だったという。

「これがいちばん音質の変わらないリバース方式なのです」とナカミチの担当者は言っていた。それはそうだろうけど、この方式はやはり一般的にはならなかった。

それほどカセットを裏返すのが大変なら、一二〇分テープを使って片面ずつ一時間番組をとればいいと思う人もいるだろうが、考えてもみてください。カセットケースの容量は同じだから、そこに録音時間の長い、ということは全長の長いテープを収めようとすれば、当然テープを薄くしなければならない。単純計算すれば六〇分テープの半分の薄さにしなければ収まらないことになる。それだけ切れやすく、動作が不安定になるわけだ。

カセットテープを買うようになったばかりのころ、うかつにもぼくはこの単純な理屈に気づかず、「長ければ長いほどいいや」と一二〇分テープを使っていた。それでもけっこう長持ちしましたけれどね。

メタルテープを使うのはもったいない

カセットテープの種類を選ぶのもポイントだった。テープにはノーマル（タイプⅠ）、ハイポジション（タイプⅡ）、メタル（タイプⅣ）の三種類があって、一応、ソースやジャンル別に使い分けることになっていた。もっとも一般的なノーマルはポップスやロック、高性能のハイポジはジャズ、最高音質のメタルはクラシックに適している――乱暴な言い方をすれば、そういうことになっていました。

使用されている磁性体によってタイプが異なるわけだが、ノーマルよりハイポジ、ハイポジよりメタルのほうがダイナミックレンジ（もっとも強い信号ともっとも弱い信号をどこまで再現できるかを示すもの）が広くなるから、録音レベルを高く設定できる利点がある。録音レベルというのは録音時の音量のことで、これが低すぎると音が小さくなってテープノイズばかりが耳につくことになる。したがって、できるだけレベルを高くしたほうがいいのだが、あまり高く設定するとこんどは音が歪《ゆが》み、割れてしまう。めやすとしては、ノーマルで最高０ｄＢまで、ハイポジは０ｄＢを超えてレッドゾーンを多少振り切っても可、メタルはレッドゾーンの＋３ｄＢくらいまでメーターが振れ

「AHF60」（タイプⅠ　1978年8月発売、写真左上）、「JHF46」（タイプⅡ　1978年5月発売、写真右上）、「DUAD90」（タイプⅢ　1978年3月発売、写真左下）、「METALLIC46」（タイプⅣ　1979年12月発売、写真右下）（写真提供：ソニー株式会社）

るくらいでよい……てなことがいわれていたけれど、ぼくはノーマルでがんがんメーターを振り切っていました。八〇年代半ばを過ぎると、ノーマルテープもかなり高性能になっていたのだ。

メタルなんてほとんど使ったことがない。ただ、メタルはズッシリと重く、その点でもいかにもテープの走行が安定していそうで、信頼感があった。

ソニーの広報の方から、金属性の立派なケースに入った最高級メタルテープ（次ページ写真）をいただいたことがあったが、もったいなくて一度も使わないまま、いまも大切にとってある。これから使うことはあるだろうか。

ハイポジは「クロームテープ」とも呼ばれていたが、それはもともと磁性体に二酸化クロームを使っていたからで、や

ソニー「スーパー・メタル・マスター」
ソニーの当時最高級のメタルテープ。見た目も重厚だが、手にしてみるとさらに驚きのドッシリ感。インレタつきなのもスゴい。これはケースにFMステーションのロゴが入ったレアもの。

がてそれに替わってコバルトなんとか酸化鉄が使われるようになったため、その呼び名はすたれていった（調べてみたらコバルトドープ酸化鉄、コバルト被着酸化鉄というものらしい。どういうものかは謎）。「フェリクロームテープ」というのもあったが、これもコスト高やメタルの登場によって八〇年代初頭には消えていく。「ソニーDUAD」という、たしか黒と金茶色のラベルのテープがありましたね。これが「タイプⅢ」だった。それで、フェリクロームなきあと、ノーマル、ハイポジ、メタルと並べたときに、なぜ「Ⅲ」が抜けているのかと不思議がられることにもなった。

「ドレスアップ」でカセットを作品に

うまくエアチェックが完了すると、苦労して録音したテープだから、カセットに附属しているそっけないレーベルにただタイトルと曲目を書きこむだけではものたりない。そこでFM誌を活用することになる。内容に合った図柄のカセットレーベルを切り抜き、番組表から曲目リストを切り抜いて貼り付け、背にタイトルを書いて愛蔵版エアチェックテープの完成ということになる。こり始めると、タイトル部分にインスタントレタリング、略してインレタで一文字一文字転写する人も出てくる。

その努力は、はっきりいって完全な趣味の世界である。ライブラリーに並べるときはやはりレーベルの背が統一されていたほうが見栄えがいい。そこでお気に入りのFM誌のカセットレーベルでそろえる人が現れる。ふだん見慣れているもののほうが番組表も見やすいし、そういう理由もあって、リスナーは最後発の『FMステーション』になかなか手を伸ばしてくれなかったのではないだろうか。その点でも、後述するが鈴木英人さんのカセットレーベルは『FMステーション』の大きな武器になった。

カセットを美しく飾ることを、ステーションでは「ドレスアップ」と呼んでいた。これはカードラで使い始めた言葉をそのまま使ったのだ。愛車のステアリングやホイールを好みのものに取り換えたり、エアロパーツを取り付けたりすることを、カードラ編集部のNさんがファッション雑誌から思いついて「ドレスアップ」と命名したのである。この「愛車のドレスアップ」という言葉も、いまではごく一般的になった。そのドレスアップのために、ステーションではカセットレーベルはもちろん、カセットケースの背の部分に入れる、アーティストの名前を印刷した厚紙の「アーチスト・インデックス」や、裏に糊のついた「アーチスト・シール」を付けたり、番組紹介のページのタイトルをカセットの背と同じサイズにしたり、新譜紹介のコラムまでレーベルサイズにしたり、さまざまな工夫をしたわけだが、それ以外のページも読者はフル活用していた。

表紙のイラストをレーベルサイズにカットして使ったり、広告ページを切り抜いたり、記事中のアーティストの小さな顔写真を切り抜いてインデックスのワンポイントとして貼り付けたり。エアチェックと同じか、それ以上にドレスアップに熱中する読者も多く、そのためステーションでは「ぼくのFMステーション活用法」「私のドレスアップ術」といった投稿欄を設けたほどだった。

そういう意味でもFM誌というのは特異なジャンルの雑誌だったと思う。

FMの醍醐味だったライブ番組

FM放送が始まった当初、リスナーにとってエアチェックのお目当ては主としてライブ番組だったと思う。内外で行われたコンサートの模様を収録したもの、海外ミュージシャンの来日公演、番組のためのスタジオライブ等々。これらはその番組でしか聴けないものだから、ぜひともエアチェックする価値がある。

これは『FMステーション』創刊前の話だが、大のクラシック音楽ファンとして知られる、クレイジー・キャッツの桜井センリさんのお話をうかがった際に、桜井さんが「今度NHK-FMで××年の××音楽祭の××の演奏を放送する。あれはレコードになってないいんだ。絶対テープにとらなくちゃ」とおっしゃっていたのを思い出す（×印は伏字ではなく、ただ忘れただけ）。そのとき、クラシック・ファンにとってFM放送とはそういうものか、そういうマニアのためのものかと妙に感心したのを覚えている。

機材はもちろん、優雅に回転するリッチなオープンリール・デッキである。

八〇年代でもその基本線はあまり変わっていなかった。当時の番組表を見ると、ライブ番組がずいぶん多いのに驚く。

試みに八七年の『FMステーション』九月二十一日号、十一月三十日号からおもなライブ番組をひろってみよう。

NHKでは「特別番組TMネットワーク・ライブ（武道館公演）」「ザ・コンサートカッティング・クルー・ライブ／スタイル・カウンシル・ライブ・イン・ロンドン」「ニュー・サウンズ・スペシャル　あがた森魚《もりお》スタジオライブ／伊勢正三スタジオライブ」「クラシック・コンサート　ウィーン芸術週間／ザルツブルク音楽祭」（十一月三十日号）「海外クラシック・コンサート／ベルリン750周年コンサート」（十一月三十日

号）……。

民放でも「サウンド・マーケット　クライマックス来日公演」「ライブ・コンサート　鈴木聖美《きよみ》・ラッツ＆スター　スタジオライブ／世良公則《まさのり》スタジオライブ」「ゴールデン・ライブ・ステージ　ロバート・クレイ・バンド来日公演」「パワー・ステーション　小比類巻《こひるいまき》かほる公開録音ライブ」「エナジー・ボックス　ジャジーナイト公開録音ライブ　中本マリ、日野皓正《てるまさ》」「イン・コンサート・オリジナル・ライブ　ルツェルン祝祭弦楽合奏団来日公演」（十一月三十日号　ＦＭ東京）等々。

これだけのライブ／コンサート番組があったのだ。とくに、スタジオライブとなると、スタジオに機材を持ち込んでマイクやミキサーをセッティングし、まる一日がかりの作業となる。生放送の場合とくにピリピリした緊張感に包まれ、ミュージシャンもスタッフも精神的に大きなプレッシャーがかかる。ＦＭ全盛の時代だからこそできたプログラムだと思う。

これらのライブ／コンサート番組がＦＭ放送の大きな柱だったが、もう一つ、ミュージシャンの新譜紹介番組も若いリスナーには大きな魅力であったこともまちがいない。お小遣いに限りがある中学生や高校生は好きなミュージシャンの新作をエアチェックして聴くことになるからだ。レコード・ＣＤの売り上げに響くので、たしか番組で全曲をかけることは少なかったと思うが、レンタルＣＤの普及がＦＭエアチェック衰退の一因であることを考えれば、こういう層がエアチェック・ブームを支えていたということになるだろう。

バイリンガルDJの走りだった番組

『FMステーション』では、創刊と同時にFM東京で「FMステーション　マイ・サウンド・グラフィティ」という番組をスタートさせていた。これもボスのアイディアによるもので、DJはウィリアム・ジャクソンという（たぶん）アメリカ人だった。トークはすべて英語。それなら番組をまるごとエアチェックしても、おしゃれなテープになるだろうというのが理由だった。やや英語コンプレックスのきらいもないではないが、実際にリスナーがトークごとエアチェックしてくれたかどうかはべつにして、これは一つのアイディアではあった。FM横浜やJ-WAVEが始めたバイリンガルDJより七年も先んじていた。おそらく初めての試みだったと思う。

ただし、ウィリアムは日本語がまったくわからないし、話せない。そこで、FM東京のメイン・アナウンサーだった大橋俊夫さんがサポートで加わり、それぞれ「英語DJ」、「日本語DJ」と称していた。英語ばかりだとオンエア曲の邦題がわからないという問題もあったからだと思う。結局、途中からは英語と日本語半々くらいになってしまったが、それはやむをえないだろう。

ディレクターは林屋章さんで、営業部から制作に移ってきたばかりの林屋さんにとっ

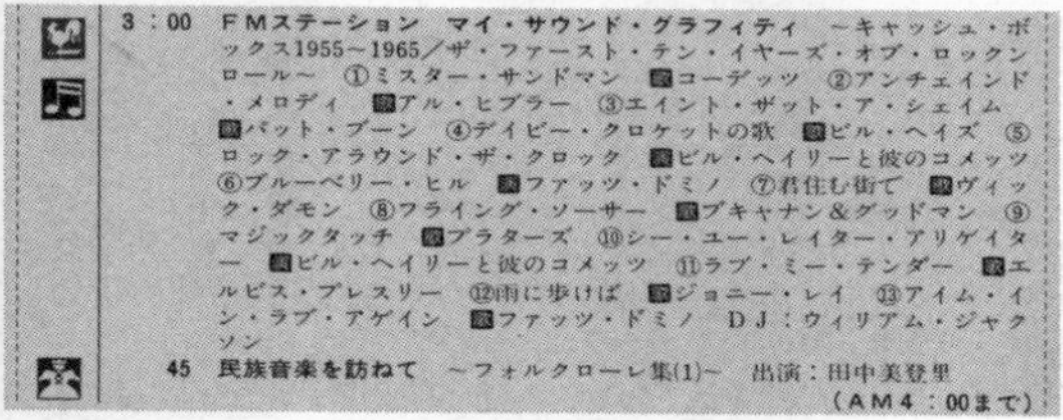

3：00　FMステーション　マイ・サウンド・グラフィティ　～キャッシュ・ボックス1955～1965／ザ・ファースト・テン・イヤーズ・オブ・ロックンロール～　①ミスター・サンドマン　■コーデッツ　②アンチェインド・メロディ　■アル・ヒブラー　③エイント・ザット・ア・シェイム　■パット・ブーン　④デイビー・クロケットの歌　■ビル・ヘイズ　⑤ロック・アラウンド・ザ・クロック　■ビル・ヘイリーと彼のコメッツ　⑥ブルーベリー・ヒル　■ファッツ・ドミノ　⑦君住む街で　■ヴィック・ダモン　⑧フライング・ソーサー　■ブキャナン＆グッドマン　⑨マジックタッチ　■プラターズ　⑩シー・ユー・レイター・アリゲイター　■ビル・ヘイリーと彼のコメッツ　⑪ラブ・ミー・テンダー　■エルビス・プレスリー　⑫雨に歩けば　■ジョニー・レイ　⑬アイム・イン・ラブ・アゲイン　■ファッツ・ドミノ　DJ：ウィリアム・ジャクソン

45　民族音楽を訪ねて　～フォルクローレ集(1)～　出演：田中美登里

（AM4：00まで）

「マイ・サウンド・グラフィティ」の最初期の番組
『FMステーション』創刊号の番組表より。

てこの番組がディレクターとしての初仕事だったと記憶している。この番組は深夜三時からという時間帯にもかかわらず、林屋さんに言わせると聴取率は「異常なまでに」よかった。朝の番組以上の聴取率をとったこともあったという。四五分という番組の長さもエアチェックにちょうどよく、リスナーは深夜タイマーで録音して、あとから聴いていたようだ。

洋楽担当のAさんがこの番組の担当を兼任した。本誌と違ってあまりミーハーっぽくせず、いい曲を集めて濃密な特集番組をやろうということになっていた。林屋さんがわざわざ編集部に来てくれて特集内容と選曲の打ち合わせをすることもあった。ぼくも時おり参加したが、これは楽しい仕事だった。

林屋さんもぼくと同様、ビートルズ・ファンで、一度、ジョージ・ハリスンの特集をしたことがあった。ビートルズ解散直後の勢いがなくなっていたジョージだけに、この林屋さんの提案はうれしかった。毎号、番組と連動した「マイ・サウンド・グラフィティのページ」を掲載していたのだが、そこにジョージのソロ・アルバムのディスコグラフィを掲載するにあたって、すでに十枚ほど出ていたアルバムのリリース順がわからないとAさんが言うので、ほいほいとジャケット写真を順番に並べてあげたら、「オンゾウさんはどうしてこういうマイナーなものにばかりくわしいのかしら」と言われてしまった。ジョージがマイナーだって！……返す言葉がなかった。

〝ブレバタ〟コンサートで至福の湘南サウンド

八二年からは「マイ・サウンド・グラフィティ」公開録音を毎年行うことになった。そのときどきの話題のアーティストのコンサートを主催し、リスナーと読者を招待して、その模様を録音して番組で流すのだ。会場はずっと新宿厚生年金会館だった。

第一回の出演者はブレッド&バターでいこうと思います、と林屋さんが言った。

「湘南サウンドというのは『FMステーション』のイメージにも合うんじゃありませんか」

「ブレバタが湘南サウンド……ですか。どちらかというと、信州サウンドのような気がするけど」

「オンゾウさん、いつの時代の話をしてるんですか。まさか……」

「だって、ブレバタといえば〈傷だらけの軽井沢〉……。あっ、元タイガースの岸部シローと歌っていた〈野生の馬〉や〈バタフライ〉とか……」

「〈傷だらけの軽井沢〉は六九年のデビュー曲。〈野生の馬〉と〈バタフライ〉だって七一年の曲です。十年も前の話をしてどうするんですか。オンゾウさんの頭は七〇年代初期で止まったままじゃありませんか？　ブレバタは一時、活動を休止して湘南で店をやったりしていたんですけど、去年、〈ホテル・パシフィック〉をヒットさせました。アルバム『パシフィック』もいいですよ。いまや湘南サウンドといえばブレバタです。まさか、いまさら加山雄三なんて言わないでしょうね」

「へー。そういえば上原謙と加山雄三の親子が経営していたパシフィックホテルというのが茅ヶ崎にありましたね。いまもあるけど、すっかりさびれている。ホテル・パシフィックって、あのホテルのこと？」

「そうみたいですね。ブレバタはもともと茅ヶ崎出身です」

「軽井沢じゃなかったのか。野生の馬が走り回り、珍しい蝶々が飛びかっている信州だとばかり……」

「まだ言ってる。それに何か信州を誤解してませんか」

　そんなわけで、本社で行われた販売部・広告部との合同会議に林屋さんとともに出席し、林屋さんに知恵をつけられたぼくが、「……というわけで、〈マイ・サウンド・グラフィティ〉公開録音をブレッド&バターでやりたいと思います。ブレッド&バター、通称ブレバタは〈傷だらけのホテル軽井沢〉というヒット曲が……〈林屋さん、舌打ちをする）、いや違った、とにかく湘南サウンドで人気のグループです。販促費、よろしく」

　Ｉ専務が、「きみたちがそれでいいと言うのなら、問題はないだろう。しかし、この中でブレッド&バターというミュージシャンを知っている人はどれくらいいるのかな」と言うと、十人くらいの出席者のうち、まだ入社まもない販売部のＳ君一人が手をあげた。彼以外は、ぼくと林屋さんをのぞけば全員が四十代以上だった。

「若い人が知っていてもあたりまえだから、数のうちには入らないな。ということはオジさん連中は皆知らないわけか。まあ、それくらいのほうが、若い読者の雑誌にはかえっていいんじゃないか」

　Ｉ専務は本当にものわかった方だった。こうして、第一回「マイ・サウンド・グラフィティ」公開録音が決まり、リスナーと読者二千五百名を招待することになった。まだ『ＦＭステーション』が爆発的に売れ出す前だったから、そんなに人が集まるだろうかと不安だったが、応募はかなりの数にのぼった。ところが、ＦＭ東京では応募ハガキが来るそばからどんどん招待状を送り返す。今度は、そんなに招待状を出したらせっかく来てくれた人が会場に入りきれなくなるのではないかと心配になった。林屋さんは「これくらいでいいんです。無料招待だから、当日何かの都合で来ない人も大勢います。それを見込んで先着順に多めに招待状を出しておくのです」と教えてくれた。なんと、公開録音当日は、ぴったり満席。経験というのはおそろしいものです。

　開演前の行列を見て、「マイ・サウンド・グラフィティ」のリスナーと、ステーションの読者はこういう人たちなのか、これほどの人たちが番組を聴き、ステーションを読んでくれているのかと、ちょっと感動した。会場では『FMステーション』のTシャツなども売ったが、それも思いのほか売れた。

そして、ブレッド&バターのコンサートはぼくの想像以上にすばらしかった。はなやかなバンド・サウンドは、ぼくのブレバタに対するイメージを一八〇度変えてしまった。いや、もともとぼくの持っていたイメージがデタラメだったので、すっかり見直したというのが正しい。初めての公開録音は大成功だった。そうしたうれしさを割り引いても、これまで観たコンサートの中で十指に入る印象的なものだった。

これに味をしめたこともあり、翌年からは実売部数も上昇の一途をたどっていたので、この公開録音は毎年恒例となった。

ジュリーはロックだ!

八三年はもんた&ブラザーズ、八四年はザ・スクェアが出演した。それぞれいいコンサートではあったが、ザ・スクェアのコンサートには少々違和感を覚えた。すでに超人気バンドだった彼らのライブは、観客(ファン)との〝お約束〟がすっかり出来上がっていて、この曲ではこう盛り上がる、ここでベーシストが客席におりて、それに観客はこう反応する、というパターンがすっかり決まっていた。ザ・スクェアはフュージョン・バンドである。ということはジャズの一分野であるはずだが、そういうお約束はジャズとは正反対のもののように感じた。

こういうことを言い出すときりがないが、いつも気になっていることがあった。

どのコンサートに行っても、マスコミ関係者にはセット・リストが配られる。つまり、当日の演奏曲目表である。そこに、アンコールの曲目と、さらにラスト・アンコールの曲目までが書かれているのだ。アンコールというのは本来、ライブに感動した客の要請に応じて、〝しかたなく〟あるいは〝うれしくなって〟予定外の曲を演奏してしまうものである。一分のすきもなく完璧に構成されたステージこそよしとされる時代に、それはすでにタテマエにすぎないと言われればそのとおりだが、この時期にも、ぼくはその本来のアンコールというものに出合ったことがある。

仕事やつきあいではなく、個人的に観に行った沢田研二のコンサートでのこと。アンコールがいったん終わったあと、再度のアンコールがあり、どうもこれすらも予定外のことだったらしいが、それがかなり長時間続いた。終わるのを待ちかねたように客席の電気（客電）が点《とも》されて会場は明るくなり、コンサート終了のアナウンスが告げられたが、三分の一ほどの観客は帰らずにジュリーの名前を呼び続けていた。すると、驚くべきことに、ジュリーが二、三人のバックメンバーとともにまたもステージに現れ、「やるぞー！」と叫び、客電がついたまま、歌い始めたのである。まだロビーにいたらしい客もあわてて入ってきた。こういうのを「アンコール」という。

最後の最後に「これでもうこの会場は使わせてもらえんかもしれん」と笑いながらジュリーはステージから去って行った。ジュリーはロックだ、とそのときつくづく思った。

公開録音出演アーティストの思い出

閑話休題《はなしをもどします》。

「マイ・サウンド・グラフィティ」公開録音の四回目、つまり八五年からは、ブレイクしたばかりの新進アーティストが複数出演するようになった。

で、八五年の出演者は、すでにキャリア十分だった白井貴子に加え、「フレンズ」を大ヒットさせたばかりのレベッカ、この年デビューしたエコーズ（いまは作家として活動中の辻仁成氏のバンドだ）という、いまにしてみれば豪華な顔合わせだった。

次は聖飢魔Ⅱとラフィン・ノーズ。デーモン小暮閣下がステージに登場するなり「♪FMステーション」とジングルを歌ってくれたのはうれしかったが、この組み合わせはちょっとヤバかった。いやな予感がしていたのだが、コンサート終了後に案の定、両グループのファンのあいだでちょっとした小競り合いがあったらしい。幸い、ケガ人もなくすんだようだった。

そういえば、あるときNHKのロビーを歩いてきたデーモン小暮閣下が、『FMステーション』の番組担当だったK君を見つけて、「おお、K、久しぶり！　こんなところで何をしてるんだ」と近づいてきた。K君が「オレ、いま『FMステーション』の編集部にいるんだ」と答えると、「そうか。ステーション編集部にいるのか。じゃあまた今度ゆっくり会おうな」と閣下は去って行った。ぼくが「知り合いなの?」と聞くと、閣下とK君は早稲田のときの友だちで、聖飢魔II結成時にもバンドに誘われたが断ったのだそうだ。そうか、じつはK君とは世をしのぶ仮の姿、本来なら悪魔の姿に戻って布教活動をしていたかもしれないのだ。K君の悪魔姿を一度見てみたかった。

翌八七年はバービーボーイズとPEARL。バービーの杏子《きょうこ》とPEARLのSHO－TA、二人の女性ボーカルの競演だった。デビューしたばかりのザ・ブルーハーツも出演者候補にあがったのはおそらくこの年だったと思う。二回目からは公開録音についての本社会議は行われなかったはずだが、理由は忘れたけれどこのときは会議があったのだ。林屋さんはデビュー・アルバム『ザ・ブルーハーツ』を持ってきていたものの、会議が始まる直前にジャケットをぼくに見せながら、「これ、(提案するのは)やめておきましょうね」と苦笑いをした。ちょっと過激すぎると思ったのだろうか。残念だったせいか、そのときに見た白地にブルーの帯のジャケットが、いまもときおり目に浮かぶ。

八八年の永井真理子と横山輝一のジョイントも忘れられない。前半が輝一さん、後半が永井真理子さんの予定だったのだが、輝一さんのライブ中に、楽屋で真理子さんが突然、体調をくずして救急車で運ばれてしまったため、急遽、後半も輝一さんにお願いすることになった。突然のことなのに快く引き受けてくれただけでなく、予定外のライブを難なくこなした輝一さんの力にも感心した。ラスト・ソングの「ツイスト・アンド・シャウト　16ビート」はじつによかった。16ビート嫌いだったぼくも、すごくのることができた。コンサート終了後、楽屋を訪ねて輝一さんにお礼を言った。

缶ビールで乗り切ったFMステーション特番

何年か続けて、FM福岡制作の正月特番をFMステーション提供で放送したこともあった。たしかFM宮崎とFM長崎でも放送されたと思う。おそらくFM福岡から販売部に話があって、販売促進の一環として販売部主導で話が進み、ぼくにゲストとして出演し、何かそれらしいことをしゃべってこいというお達しが出た。

暮れの忙しいときに（例の年末進行という魔物と格闘する時期である）福岡まで出張しなければならないので編集部ではブーイングを浴びたが、ぼくとしては一泊二日で堂々と魔物から逃れられるまたとないチャンスだったから、いそいそと出かけていった。収録が終われば夕飯か何かごちそうになって飲んで寝ればいいのだから断ったり文句を言ったりしたらバチが当たるというものだ。

ところが、番組収録を甘く見たほうのバチが当たった。一回目がどういう内容だったかまったく覚えていないのは「イヤな記憶は消し去るか改竄する」という自己防衛本能によるものだろう。

番組の進行役は九州地区の人気パーソナリティ、たけうちいづるさんだった。バリトンの美声、お人柄もソフトで、シロートをリードするのも巧みな方だったが、なにしろぼくのしゃべりというのがどうしようもなかった。簡単な打ち合わせと大ざっぱな台本を読んだあとでいざ収録となってみると、ぼくがやたら聴き取りにくい低い声でボソボソしゃべるものだから、たけうちさんの微笑みはやがてこわばり、調整室ではディレクターさんが頭を抱えていた。

事前収録とはいえ、あとから編集するやり方ではなく、生放送と同様に六〇分の中で番組を進行させていくので、途中のCMタイムは休憩となる。そこで、ぼくが酒飲みだという話を思い出したディレクターさんが収録中に缶ビールを二、三本買ってこさせ、休憩中にスタジオに入ってきて、

「いやいや、どうもお疲れのご様子なので、ビールでも飲んでちょっと景気をつけましょうか。どうぞグッとやってください」

「え、いいんですか？　すみません、それじゃ遠慮なく。………あのー、おかわりいただいてよろしいでしょうか」

「どうぞどうぞ（怒）」

どこの局でも、原則としてスタジオ内での飲食は禁止なのだが、やむを得ない場合はその限りではないようだ。これが意外に効果があって、ぼくの声はキーが一音半ほど上がり、しゃべり方もこれまでよりは滑らかになった。こういう困ったゲストというのは

ときどきいるものだ（と思う）。

それでも、番組を聴いたという読者から、「なんだ、あの暗い声のおっさんは！」というお叱りのハガキが編集部に届いた。たぶんFM福岡にはもっと抗議があったのではないだろうか。

「いーえ、あれは天然のリズム音痴です」

ところが本社の販売部では番組を収録したテープをまともに聴いた人間がいなかったと見えて、その翌年の正月特番にも出演しろと言ってきた。よほど断ろうかと思ったが、前回の収録後にふぐをごちそうになったことが忘れられず、同行した販売部のS君からの「今年もまたふぐと博多ラーメン食べましょうよ」という誘いに打ち勝つことができなかった。

またあいつが来るというので、FM福岡はとにかく飲ませろという作戦に出た。ある年など、打ち合わせの席だというのに、ぼくの前にビールの缶がズラッと並び、あとから入ったもう一人の若い女性のゲスト出演者は目を丸くしていた。おそらくアル中だと思われたことだろう。

九〇年には「ローリング・ストーンズ　ホンキートンク・ヒストリー」と題する正月特番を放送した（ホンキートンク＝Honky Tonk＝安酒場。転じて酔っ払いを指すこともある。この番組タイトルはぼくへのあてつけだったのだろうか）。この年、ストーンズの来日公演がようやく実現しそうだったのだ（そして本当に来た）。ＦＭ福岡からは選曲をオンゾウにまかせるということだったので、ロックンロール色の強い曲を選んでおいた。

このときも、ぼくはスタジオでビールを飲みながら、たけうちさんのリードで好き勝手なことをしゃべっていたが、少々酔いが回ってきて、曲を聴きながら胸がどんどん熱くなっていった。

「サティスファクション」が流れているあいだに、「次の曲はなんでしたっけ？」とたけうちさんの進行表をのぞきこみ、「えっ、〈夜をぶっとばせ〉。そんなの選んだんだ。だめだめ、〈サティスファクション〉ときたら、やっぱり次は〈一人ぼっちの世界〉が聴きたいなあ。曲目変更、〈一人ぼっちの世界〉にしましょう！」

たけうちさんはあせって「レコード室から〈一人ぼっちの世界〉を探して大至急持ってきて！　変更して次にかけるそうだから！」。ＡＤさんがあわててレコードを探し出し、間一髪、まにあわせてくれた。いつもは「締め切り直前の曲目変更は困ります」と放送局に言っている立場なのに、お恥ずかしい。しかも〈一人ぼっちの世界〉が終わったとたん、たけうちさんがまだ何も言わないうちに「いやー、ストーンズは本当にいいですねえ！」などと口走った。ただの酔っ払いである。

ライブ・バージョンの「悪魔を憐れむ歌」が終わったあとなど、「このチャーリーのドラミング、この遅れ方が最高なんですよ！」と言い出し、たけうちさんが「それは計算した後ノリなんでしょうか」と受けたら「いーえ、あれは天然のリズム音痴です。キチッとリズムどおりたたこうとして、つい遅れてしまうんです。あんな絶妙な遅れ方が計算してできるものじゃありません。その体にしみついたテンポのズレがすばらしいんです」と酔ったいきおいで断言してしまった。

このときのテープはＦＭ宮崎からいただいて、いまも手もとにあるが、面目なくて一度も聴いていない。

福岡まで同行してマネージャー役をつとめてくれたＤＡＣ（ダイヤモンド社のハウスエージェンシー）の優しいＭさんや、ＦＭ福岡の関係者の方々にはご迷惑ばかりおかけしたが、福岡の街は印象的だった。大阪へ行ったときには大阪人全員が漫才師なのに驚いたが、福岡はさらに歌って踊れる芸人ばかりだった。

路上パフォーマンスが東京でも話題になっていた〝博多のジュリー〟もさることながら、きわめつきはＦＭ福岡の方に連れていっていただいた〝永ちゃんバー〟だった。突然、矢沢の永ちゃんが乗り移ったマスターのショータイムが始まると、ウェイトレスの女の子が宙を飛び交い、大変な騒ぎになった。疲れていたぼくが、そっと店を抜け出してホテルに戻ろうとしたら、鍵がかかっていて、さらに女の子たちに席に押し戻された。ショータイムが終わるまで外に出られないのだ。じっと嵐が通り過ぎるのを待つしかなかった。

ブレイク前のプリプリ

これは放送とは関係ないが、東京のスーパー二店舗のイベント会場で「FMステーション・フェスティバル」という催しを開いたことがあった。あるイベント会社が提案してきた企画で、鈴木英人さんのカバーイラストをはじめ、ステーションに掲載された何人かのイラストレーターの作品の原画や、特集記事をもとにしたパネルの展示などを行うという。「そんなの、おもしろいのかなあ」とあまり乗り気にはなれなかったが、ぼくらはただ素材の提供などの協力をするだけでよいというので、とくに断る理由もないからOKを出した。すると、先方もやはりそれだけではおもしろくないと思ったらしく、イベントの目玉としてミニ・ライブをしたいので、出演アーティストを紹介してほしいと言われた。これには真璃子《まりこ》とプリンセス プリンセスが出てくれた。おそらく八七年のことだったと思う。

真璃子は八六年にデビューし、三枚目のシングル「夢飛行」でこの年のレコード大賞新人賞を獲得したものの、その割には大ブレイクとまではいかなかった。だが、アイドル的要素もあり、同じ事務所だったことから「とんねるずの妹分」と呼ばれたりもしていた。なぜかほとんどコンサートを行わなかったから、ミニ・ライブとはいえ、よく出てくれたと思う。

一方、プリンセスプリンセスは「赤坂小町」のバンド名で八四年にデビューし、JULIAN MAMA（ジュリアン・ママ）といったん改名したあと、さらにプリンセスプリンセスの名で八六年に再デビューしている。このミニ・ライブの時点では、知名度では真璃子のほうが上だった気がする。

会場となったスーパーの建物内のスタジオはかなり狭かった。観客が五十人も入ればいっぱいだったと記憶している。伴奏がカラオケだったソロの真璃子はともかく、プリプリはバンドだから、会場のスペースの三分の一はバンドと機材でいっぱいになってしまう。しかも、たしかノーギャラだったから、よくそんな悪条件でOKしてくれたものだと申し訳ないような気がしていた。

プリプリのライブではバンドがスペースをとる分、スタジオの外に観客がはみ出る形になったが、逆にいえばそれだけ人が集まってくれたことになる。

真璃子は残念なことにその後大ヒットに恵まれなかったが、プリプリは翌八八年に渋谷公会堂でのライブを大成功させ、八九年にはあの大ヒット曲「ダイアモンド」が生まれた。売れる以前にいろいろ無理を聞いてくれたアーティストがブレイクすると、やはりうれしい。

第4章

『FMステーション』の黄金時代

――『ステーション』読者の思い出のために

『FMステーション』の表紙といえば……

「英人さん、お帰りなさい。アメリカはどうでした」

「撮ってきたポジの現像があがったから、いま整理しているところです。ご覧になりますか」

そのころ銀座にあった英人さんのアトリエを訪ねると、山のようなポジが作業用デスクに並べられていた。イラストの仕上げをしていた英人さんの弟さんがお茶を出してくれる。

英人さんがアメリカで撮影してきたポジを見て、驚いた。もうこの時点ですでに〝英人ブランド〟になっている。空の色もそのまま〝英人ブルー〟だ。被写体といい構図といい、写真としてそのまま発表してもおかしくないものがたくさんあった。英人さんはカメラマンとしてもなかなかのものだったのだ。

当時を知る人は、『FMステーション』といえば鈴木英人、鈴木英人といえば『FMステーション』、といまだに言う。あとのほうは英人さんには少々不満だろうが、少なくとも英人さんのカバーイラストが『FMステーション』のシンボルだったことはまちがいない。

『鈴木英人表紙作品集』の表紙

『FMステーション』が売れた要因の多くは英人さんのイラストだったと言っても過言ではない。英人さんのカバーイラストは毎号レーベルにしていたし、英人さんの「カバーレーベル」も何度か特集した。これが大変な人気だったことは、この「カバーレーベル」を希望者全員にプレゼントしたところ、大変な数の応募があったことからもわかる。たしか一万通を超えたのではなかっただろうか。

送料として切手を同封してもらったのだが、この切手の整理がアルバイトでは追いつかず、編集部員が休日出勤して総出で仕分けするほどだった。

八四年暮れに『FMステーション』別冊として、レーベルを四十八点つけた『鈴木英人表紙作品集』を刊行したが、これが売れに売れてあっというまに完売してしまった。販売部はすぐに増刷しようと言ってきたが、悩んだあげく、ボスの判断で取りやめになった。出版界にくわしい方はご承知だろうが、どんなに売れた本でも、調子にのって増刷するとパタッと売れ行きが止まり、結果として刷りすぎになって返本の山になることがある。欲をかいて損をするわけだ。このへんの見きわめが難しい。あの『ハリー・ポッター』さえ、何巻目かは刷りすぎたという噂を聞いたことがある。

増刷を取りやめたため、どうしてもほしいという人がいたり、進呈する必要が生じたりしたときは、販売部用、編集部用のストックまで持ち出さなければならなかった。おかげで、ぼくの手もとにも残っていない。たしか編集部に一冊とってあるだけだった。

英人さんは、よくアメリカ取材に行っていた。そこで街や看板、自動車、建物などの写真を撮ってくる。その写真を組み合わせて、英人さんだけのオリジナルな風景を創り上げるのだ。

撮影してきたポジをトレースして、一枚の線画に仕立てる。この時点ではあのイラストが、すべてアウトライン（輪郭線）だけで描かれている。その細かな部分、つまり空にちりばめられたわずか数ミリの丸や四角まで、すべて何の何番という色指定がしてあって、その指定にしたがってアシスタントの方（おもに英人さんの弟さんが担当していた）が、その形どおりに指定色のカラーシートを切り抜いたうえで貼っていく。すごく手間のかかる緻密な作業だった。カラーシートとはカラートーンともいい、いろいろな色がそろっている。スクリーントーンの一種である。

いつだったか美術雑誌が英人さんの特集をしたことがあって、鈴木英人の作品は浮世絵の伝統を受け継いでいる、というようなことが書いてあった。そして英人さんは絵師兼彫師であり、弟さんを摺り師に見立てていた。それほどカラーシートを貼るのは重要かつものすごく根気のいる作業だったのである。

現在ではコンピュータで色をつけていけるので、いよいよ細密な作品ができるようになった。いまや大部分のイラストレーターがコンピュータを使って絵を描いているが、英人さんの作品ほどコンピュータがフィットしたものはないだろう。最近の英人さんの作品を見ると、ほとんど細密画のようでさえある。

アメリカで集めた〝素材〟を組み立てるだけでなく、英人さんはそこから光を取り出してイラストに再現してみせる。それが空間に漂うひも状の物体（ある美術評論家の先生は、これを〝空飛ぶナメクジ〟と呼んだ）や、空に散っている四角や丸い図形（美術評論家先生の小学生の娘さんは、これを〝飛ばっチリ〟と呼んだ）である。こうして英人ワールドが完成する。

英人さんの作品の人気は上がる一方で、中学校の英語の教科書『NEW HORIZON』にも採用された。ひと月に百枚くらい描いていたこともあったというが、もともと大量生産をめざして考え出したスタイルなのです、と言って、英人さんはむしろ誇らしげだった。

「アメリカでも忙しかったんじゃないですか」

「疲れるとね、アメリカ人は市販のヴァイタミンを盛んに摂るんです。だからぼくも勧められてヴァイタミンをがんがん飲んで飛び回っていました。オンゾウさんにも今度差し上げますよ」

「ありがとうございます、ヴァイタミンですか、そうですか。ヴァイタミン……、なるほど（はてヴァイタミンってなんだろう。ああ、ビタミンの英語読みか。英人さん、まだアメリカモードから戻っていないんだな)」

要するに、現代のサプリメントのハシリといえるビタミン剤がアメリカで流行していたというわけだ。結局、ヴァイタミンはもらえなかったが、その後のステーションのカバーイラストの図柄に使われた。小さなビンから白い錠剤が噴き出しているので、まさかヤバイ薬じゃないだろうな、と見たらラベルに「VITAMIN」と書いてあった。

もう一つのシンボル、バッグス・バニー君

ステーションの最盛時には、シンボル・キャラクターとしてバッグス・バニー君を使っていた。これはワーナー・ブラザースのカートゥーン(アニメーション)、いわゆる「ルーニー・テューンズ」の人気キャラクターで、〝バグズ・バニー〟と表記するほうが原語に近い。ワーナーのアニメでは、ほかにネコのシルベスターやひよこのトゥイーテイーなどのキャラクターがおなじみである。

ぼくが小学生のころ、NHKテレビでワーナーのキャラクターの一つである子豚のポーキー君のアニメを放送していて、喜んで見ていた。まだTVアニメが少なく、それもハンナ・バーベラ作品(「原始家族フリントストーン」や「クマゴロー〈ヨギ・ベアー〉」「珍犬ハックル」ほか)や、マイティ・マウスにカラス(実はカササギ)のヘッケルとジャッケル、キツツキのウッドペッカー、ネコのフィリックス君などアメリカ製ば

かりだった。バッグス・バニーのアニメも、たしか六〇年代になってから日本のテレビに登場したと記憶している。「ルーニー・テューンズ」の最後にはトレードマークのように必ず“That's All, Folks!”という文字が出る。これが「ハイ、これでおしまい！」という意味だと知ったのはだいぶあとになってからのことだ。

バニー君を使うようになったのは、「ルーニー・テューンズ」のキャラクターの版権管理をしていたエージェントが、『FMステーション』にどうかと、ボスに話を持ちかけてきたことによる。あるいは両者が以前からの知り合いで、ボスのほうから声をかけたのか、そこらへんははっきりしないが、このころはたった一人のエージェントが業務を行っていた。

ディズニーの向こうを張るワーナー・ブラザースにしては非常に大まかというか、わるくいえばルーズで、「ルーニー・テューンズ」のキャラクターを自由に使えるうえに、ほとんどただのような使用料だった。しかも向こうから提供されるイラストには限りがあるので、それ以外に、こちらで自由にイラストに起こして使っていいという、キャラクター・ビジネスのうるさい現在では考えられない条件だった。いや、当時からディズニーはものすごくうるさかったから、破格の〝ゆるい〟条件だったのである。

結局、オーディオの特集記事や読者欄などに、複数のイラストレーターにバニー君を描いてもらい、あるいはバニー君のぬいぐるみを撮影してカットとして使った。だからオリジナルのイラスト以外は、イラストレーターによって少しずつ（というよりはっきりと）顔も表情も違う。もしディズニーの著名なネズミが同じ雑誌にいろいろな顔や表情で出てきたらどうだろう。読者も驚くし、問題になるに違いない。

たしかに、キャラクターを使うと、誌面のアクセントになってビジュアル的に楽しいのだが、センスのないキャラクターでは逆効果になる。その点、やはりアメリカはキャラクターづくりがうまい。ましてやワーナーを代表するバッグス・バニーである。

だが、バッグス・バニーのイラストが自由に使えるようになった、という話がボスからあったとき、驚いて思わず聞いてしまった。

「大丈夫なんでしょうか、そういう使い方をして」

「大丈夫かとはどういう意味だ。ディズニーと違ってうるさいことは言わないから、今号からどんどん使え。そうだ、今号の表紙にはバニーの絵をドーンと使おう。いいな、バニーが表紙だぞ」

「もう英人さんのイラストが上がっていますが」

「次号に回せばいいじゃないか」

そんなわけで、英人さんの表紙が一度だけ途切れたことがある。

その翌号、再び英人さんのイラストに戻ったとき、これもボスの命令で、すみっこにバニー君を登場させ、「やっぱり鈴木英人先生のイラストは最高だね！」と吹き出しのネームを入れさせられた。これも取って付けたようで（取って付けたのだが）、恥ずかしかった。

鈴木英人とバッグス・バニー。どちらもアメリカ的という点でつながりがあるといえばいえなくもないが、ぼく個人としてはどうも違和感があった。読者はそこまで考えないから、なんとなく受け入れてくれたようだが、『FMステーション』の次に創刊した『TVステーション』では、英人さんとワーナーの「ルーニー・テューンズ」のキャラクターがドッキングする。これはまたあとで語ることにしよう。

その後、遅まきながらワーナー・ブラザースも日本市場の重要性に気づいたのか、九〇年代初めに日本法人をつくって、映画・ビデオ・テレビの映像ビジネスや版権・キャラクター商品の管理を行うようになった。当然、わが社との契約もそこで白紙に戻った。これはぼくの推測にすぎないが、ワーナー・ブラザース本社は、日本の雑誌に思いのままにキャラクターが使われているのを知ってあせったのではないだろうか。

広告が入りすぎるうれしい悩み

はっきりした理由はわからないが、『FMステーション』はすごい勢いで売れ始め、広告もどんどん入るようになった。かつては門前払い同様だったメーカーも出稿してくれるようになったが、カセットテープの最大手T社だけはなかなか手ごわかった。いくら売れ始めたといっても、「こんなものが売れているとは思えない」の一点張りだったそうだ。そこで、広告部からABC協会に加入してくれという申し出があった。

ＡＢＣ協会というのは、加盟する雑誌や新聞などの販売部数を第三者として調査・発表する機関で、そこに加盟するというのは正確な部数を公表するということになる。一般には雑誌や新聞は「公称部数」で語られる。発行元が、たとえば「この雑誌は十万部売れています」と世間様に向かって発表するのが「公称部数」で、まさか実数より低く言う版元などありはしない。二割増し三割増しはあたりまえ、極端になると二倍、三倍の数を言う。業界では心得たもので、「公称二十万部か。すると実売は十万ちょっとくらいかな」てな感じで納得する。版元のほうでも、「この雑誌は発行部数三十万部です。いや、あくまでも〝公称〟ですが」と、水増しして言っていることを初めから認めてしまっていたりする。出版業界では「公称部数」というのは「水増しした嘘の数」という意味なのである。その反対語が「実売部数」ということになる。

そのためにＡＢＣ調査というのがある。いってみればＡＢＣに加盟している雑誌は売れている雑誌、公表しても恥ずかしくない部数を出している雑誌ということになる（「公称」と「公表」というのは江戸っ子が発音するとどちらも「コウショウ」なのでまぎらわしいのだが）。逆に、一度ＡＢＣ協会に加盟しても、売れなくなって部数がどんどん落ちてきた場合には脱会することが起こりうる。

そういうわけで、ステーションはＡＢＣ協会に加入して、広告部は「これこのとおり」と広告主に見せて回った。おかげでますます広告はふえ、Ｔ社も急に出稿するようになった。ところが、今度は広告掲載申し込みが多すぎて、希望する号に載せられないという事態が起こった。

「すみません、もう三号先までいっぱいで、掲載できるとしてもそのあとになります」と、今度は広告部のほうで断る番になる。そんなの、いくらでも載せればいいじゃないかと思われる方もあるだろうが、広告ページが全ページ数の半分を超えてはいけないという決まりが雑誌にはある。無制限に広告を入れると、今度は本文ページ数をふやさなくてはいけなくなるのだ。一度、あまりに広告が多すぎて、あわてて台割で広告と本文のページ数を確認したことがある。

これは『FMステーション』だけでなく、『カー・アンド・ドライバー』も同じだった。広告が入りすぎて、どんどん分厚くなり、しまいには机の上に立ててみるとみごとに立つようになった。そこで月刊から月二回刊にしたのである。つまりは広告を収容するために月に二回出すようになったのだ。現在からは信じられないほどいい時代だったのである。

かくて、広告部のカードラとステーション担当者は広告掲載を断るのがおもな仕事になってしまった。それを新入社員がやっていると聞いて、ぼくは思わず文句を言った。

「だめですよ、これまでステーション担当のMさんとKさんがどんなに苦労したと思っているんですか。そういう仕事は古参がして、新入社員は頭を下げて回るセクションに置かなければ」

われながらずいぶん偉そうなことを言ったものだ。たぶん、新入りの編集部員が増長するのを心配して、彼らに聞かせるためにわざと言ったのだと思うが、じつは自分がいちばん増長していたことには気づかなかった。ま、誰しも自分のことはわからないものです。

若い読者との世代間ギャップ

もともとステーションは若い読者層を狙っていたのだが、とはいえイメージしていたのは高校生くらいだった。それが、いざ読者がふえてみると、中学生もかなりの数にのぼり、それどころか、さほど多くはないとはいえ小学生の読者までいた。ある読者の投書によると、小学生の一団がレコード店にカジャグーグーのシングルを買いに来た。タイトルを聞かれて、彼らは声をそろえて答えた。「とぅー・しゃあい！」（邦題「君はTOO SHY」）。小学生といえどもあなどれないのだ。

また、ある読者からのハガキには「うちのお父さんはビートルズのファンで、高校生のとき日本公演に行ったことをいまでも自慢しています」とあった。ぼくはまだ三十代半ばだったが、ということは「お父さん」はぼくとほぼ同年齢。そうか、自分の子供の世代が読者なのか、と驚いた。

いつだったか、卒業後初めて高校のクラス会があったとき、仕事を聞かれて、「『FMステーション』という雑誌をやってる」と答えたら、一人を除いて、みんなが「知らないなあ」と口をそろえた。「『ＦＭｆａｎ』なら知ってるけど」というヤツもいた。無理もない。

「中学生くらいの子供がいたら聞いてごらん。きみらは知らなくても、子供たちはみんな知っているよ」と偉そうに答えた。

読者の先生となると、完全に同世代である。「ぼくの担任の先生は、このあいだサイモンとガーファンクル、と言っていた」と、先生をからかうハガキが来たとき、そうか、いまどき「と」はまずいのか、「サイモン&ガーファンクル」と言わないと古くさくて笑われるのだな、とあせったりした。ぼくらの時代は、舌をかみそうで、めったに「サイモン・アンド・ガーファンクル」なんて言わなかった。

やはりサイモンとガーファンクル、ピーターとゴードン、ジャンとディーン、マーサとヴァンデラス、クリフ・リチャードとシャドウズ、ポール・リビアとレイダーズ……だった。「アンド」と言い出したのはいつぐらいだったか。そう、アイク&ティナ・ターナーはすでに「アイクとティナ・ターナー」ではなかった。語呂の問題だったのだろうか。

そうだ、田辺昭知とスパイダースとは言ったが、田辺昭知&ザ・スパイダースとは言わなかった。ビル・ヘイリーと彼のコメッツはビル・ヘイリー&ヒズ・コメッツと言うことはあったが、ジャッキー吉川とブルーコメッツはジャッキー吉川&ヒズ・ブルーコメッツとは言わなかった。チャーリー石黒と東京パンチョス、スマイリー小原とスカイライナーズ、ジミー時田とマウンテン・プレイボーイズ、ハナ肇とクレイジー・キャッツ、寺内タケシとブルー・ジーンズ、内山田洋とクール・ファイブ、ヒデとロザンナ、さくらと一郎……日本のグループはすべて「と」だったのだ。……いかん、つい六〇年代の追憶にひたってしまった。

つまり、ぼくは三十代半ばにして読者との世代のギャップを感じてしまったのだ。

そういえば、前章でも名前の出た横山輝一氏の顔を「バタくさい」と書いたら、読者から「バタくさい」とはどういう意味かという質問が来た。当時は「しょうゆ顔」という言葉がはやっていたので、日本的な顔立ちを「しょうゆ顔」というように、「バタくさい」とは「バターっぽい」要するに西洋人っぽい顔という意味です、死語を使ってすみませんでしたと返事を出した。そうしたら、その読者が、ステーションとこういうやりとりがあったと、輝一さんがパーソナリティをしていた番組にハガキか何かで報告したらしい。輝一さんが「そういう返事をちゃんとよこすというのは大切なことです」とほめていたと、またハガキをくれた。いやー、まさか「バタくさい」が死語だとは気づかなかった。

ステーションはガキ向けだ、FMの深みも、渋みも何にも持っていない。そのくせ下から見上げるようなあの態度、私はステーションが嫌いだ（Ⓒ秋元康・伊武雅刀）という批判もずいぶんあったが、売れているのですっかり居直ってこう答えることができた。「たしかに『FMステーション』は子供向けかもしれません。しかし、ステーションは若いＦＭリスナーを開拓しているのです。ステーションは入口です。読者が成長してものたりなくなったら、どうぞ卒業して『週刊ＦＭ』、『ＦＭレコパル』、『ＦＭｆａｎ』に移っていただいてかまいません。ＦＭ放送、ＦＭ誌のためになっているのですから、子供たちを、いやステーションを責めないで」

いち早く反応した『週Ｆ』の変身

「おおっ、『週Ｆ』が変わったぞ」

近くにいた編集部員たちに声をかけると、何人かが寄ってきた。

「ほんとだ、ロゴが変わりましたね。判型が大きくなって、表紙がイラストになってる。このイラスト、見たことあるなあ。誰でしたっけ」

「安西水丸さんだね。それに中綴じになっている。ステーションを意識しているみたいだな」

ステーションが売れ始めておよそ一年後、いち早く反応したのが『週刊ＦＭ』だった。すでにお話ししたように先行ＦＭ三誌はいずれもＢ５判で、背表紙の付いた平綴じだった。ステーションは大判サイズにすることによって、番組表の一番組の紹介スペース（曲目表）の左右をカセットレーベル・サイズにし、綴じ込みのカセットレーベルを他誌が四枚しか入らないところを六枚入るようにした。そこで『週Ｆ』も判型を大きくしたのだろうが、それにしてはちょっとサイズが中途半端な気がした。見た目にはすごくワイド判になったような気がするが、左右を少し広げただけだから、さほどメリットがあるようには思えなかった。また、こう言っては申し訳ないが、心なごむ温かいイラストではあるものの、安西水丸さんのタッチはワイド判にはそぐわない気がした。

読者欄（『週F』のそれは「と・ん・で・けVOICE」というタイトルだった）には『週F』が「ミーハー路線」に変わってしまったという苦情も載っていた。「ミーハー」というのはやはり『FMステーション』が念頭にあったからだろう。

八四年に、『週F』は再びモデルチェンジを行い、平綴じに戻って、さらに判型の左右を広げてAB判になった。AB判というのは、七〇年代半ばから八〇年代にかけて一世を風靡した雑誌『ポパイ』がポピュラーにしたサイズで、左右がA4判、天地がB5判というものだ。ロゴはかつてのものに近くなり、表紙も以前のようにミュージシャンの写真をビジュアルに使っていた。最初のモデルチェンジよりも、こちらのほうがピタッとはまった、落ち着いた印象を受けた。

『週刊FM』1984年5月21日号
「ワイド版第1号」と銘打ってある。

この判型のおかげで、番組の曲目表がカセットにちょうど収まるようになった。……と思ったら、読者からの「ワイド化のせいで曲目表がカセットケースからはみ出るようになった」という苦情が載っていた。編集部は、タテのものをヨコにしなさい、と答えていた。

つまり、これまでは、切り取った曲目表はカセットケースをタテに置いた場合の左右に合わせて入れるようになっていたのだが、ワイド化後は、(左右が広がったので)ヨコにぴったり合うようになっています、ということだった。

習慣というのは恐ろしいもので、永年の読者でずっと『週F』の番組表を利用していると、切り抜いた曲目表を横に入れることがすぐには思いつかないのだ。雑誌のモデルチェンジが難しい所以である。

さらに後年、『週F』の判型は『FMステーション』とまったく同一になった。

ステーション名物の読者欄〝ズバひと〟

読者からのハガキがふえるにしたがって、意外な効果が生まれた。読者欄が人気ページになったのである。ステーション読者はたしかに〝子供〟が多かったかもしれないが、センスのある〝子供〟が多かった。これは誇ってよいことだった。とにかく、抜群におもしろいハガキがたくさん来た。いつも読者からのハガキが楽しみで、読んでは笑っていた。

その一つ一つを再録したいくらいである。おかげで「ズバリひと言」というタイトルの読者欄は〝大爆笑ページ〟としてステーションの名物ページになってしまった。いまでも覚えている投書もいくつかある。

●（八五年に「テイク・オン・ミー」を大ヒットさせた人気グループ）a－ha（アーハ）というのは、私の地方では「アホ」のことを指す。「アーハがa－haを聴いてどうする」と親に言われた。

●秋田県のある町に貼り出された聖飢魔Ⅱのミサ（コンサート）告知ポスターに「悪魔が来たりて村おこし」と書いてあった。

●ガラガラの川崎球場の観客席で、アベックがキスをし始めた。おもしろいのでニヤニヤして見ていたら、そのシーンがシーズンオフになってテレビの「珍プレー好プレー」で流され、自分の顔も映ってしまった。クラスで「真面目な男」でとおっていたのに、それから学校中の笑いものになった。（この「珍プレー好プレー」はぼくも何度か観たので、ああ、あの人か、とわかった）

●夜中に爪を切っていたら、おばあちゃんに「夜、爪を切ると親が早死にするんだよ」と言われた。でもお母さんがこの前の夜、爪を切っていたよ、と答えたらおばあちゃんが黙ってしまった。(というブラックジョーク)

●子供のころ、榊原郁恵が「夏のお嬢さん」で「アイスクリーム、ユースクリーム」と歌っているのを聞いて、都会にはアイスクリームのようなユースクリームというお菓子があるのか、とうらやましかったが、あるときそれが「I scream, you scream(私が叫び、あなたが叫ぶ)」という意味だと突然気づいた。(「こうして人は大人になっていくのね、しみじみ」という最後の文句がとても気に入って、いまでも覚えている)

●(もう一つ、聞きまちがいネタ)堺正章の「さらば恋人」の最初の歌詞、「さよなら東海タテ髪」の意味がわからなかった。(正しい歌詞は想像がつくと思いますが、本当にこのとおり歌っても、そのままに聞こえます)

●朝起きたら、髪がハワード・ジョーンズになっていた。姉は笑いながらロッド・スチュワートだと言った。父が見て「おっ、かまやつひろしがいるぞ」と笑った。

●書店で『FMステーション』を買おうとしていたら黒ずくめでパンチのこわ〜いお兄

さんが寄ってきて「『FMステーション』なんて軟弱な！」と言われてこわかった。彼は『FMfan』と『CDジャーナル』を買っていった。

すっかりギャグの投稿欄と化したようなところがあって、サザエさんやのっぽさん、ウルトラマン（とくにお湯を入れて三分間待ったら地球から脱出しなければならず、どうしても食べられないという〝明星チャルメラ〟のCM）、〝クマの獲り方〟というバカバカしくておかしいギャグなど、音楽以外のネタもやたらに多かった。

TVアニメ「メイプルタウン物語」に出てきたホテルの宿泊客名簿にさりげなく「ELTON JOHN」「BRIAN MAY」と書いてあった、TVドラマ「スクールウォーズ」の、主題歌「HERO」（大黒摩季）が流れるエンディングで、不良が本屋で万引きしているのは『FMステーション』である、などのTVネタもあった。

果てはこのページで好きなコに〝告白〟する読者もいたし、読者同士の意見交換の場になっていたところもある。

子供のころ、「フルーツバスケット」という遊びをした、という投書に対して、それはぼくの学校で「すきやき」と言っていた遊びと同じものではないか、という反響があった。すると、こちらの地方ではその遊びをこう呼ぶとか、ぼくらはこう呼んでいた、というハガキがドッと届いて、とても盛り上がった。

ほかの呼び方は忘れてしまったのだが、関東地方では「フルーツバスケット」と言うらしく、ぼく自身は知らなかったが、バナナとかリンゴとかメロンとかに分かれて遊ぶ、椅子取りゲームのことらしい。関西地方では「すきやき」と呼んで、肉、ネギ、シラタキというように、果物名がすきやきの具に変わる。「一度でいいから〝肉〟になりたかった」という投書が笑えた。子供の遊びの地域的・文化的ネーミングの考察――といっては大げさだが、こういうローカルなネタはおもしろかった。

マイケル・ジャクソンの「ＢＡＤ」のビデオを観て、七十六歳になるおばあちゃんが「マイケルは踊りがうまいねえ」としみじみ言ったという話。マイケルの歌ばかりかけていたので家族が皆マイケルの歌を覚えてしまい、ある日風呂場から「ＢＡＤ」の鼻歌が聞こえてくるので誰だろうと思って耳をすませたらおばあちゃんの声だったという話など、マイケルがらみのほのぼの〝ズバひと〟（「ズバリひと言」は略してこう呼ばれていた）も、当時をしのばせる。

また、あるとき「ビートルズなんか古くさくて、もはやロックとは言えない。いまじゃイージー・リスニングのようなもので、お茶の時間のＢＧＭがせいぜいだ」という内容のハガキを載せた。「うんうん、若い者はこれくらいツッパッていたほうが、元気があってよろしい」という気持ちで採用したのだが、それに対して想像以上の反響があった。

要するに、ビートルズは永遠のロック・スタンダードだという反論がほとんどだった。こちらの側にも「〈ヘルター・スケルター〉をＢＧＭとして聴けるものなら聴いてみろ」という威勢のいい意見があった。ビートルズ肯定派、否定派両方の意見をできるだけ半々になるように載せたかったのだが、〝ビートルズBGM論〟に対する攻撃のほうが断然多く、しかもいつまでたってもその趣旨のハガキが送られてくるので、やむなく「ビートルズ論争はこれでおしまいにします。これに関するハガキを送っていただいても、もう掲載しません」という編集部からのおことわりを載せざるを得なくなった。

このあたりは、現代におけるネット上の〝掲示板〟のはしりだった。印刷物を媒介にしたハガキでのやり取りだから、ネットには時間差と広がりの点でおよびもつかないが、掲示板なるものがはやり始めたころ、ああ、これは「ズバリひと言」だと思った。

イラストも、もちろんミュージシャンの似顔絵とカリカチュアがほとんどなのだが、音楽とはまったく関係のない、たとえばリアルな劇画風ドラえもんとか、オバQ、ホワッツ・マイケル、イヤミ、バルタン星人、不二家のペコちゃんポコちゃん、果ては太宰治、李白なんてものまであった。あるとき気がつくと「ちびまる子ちゃん」のイラストがものすごく多くなり、「そうか、いまこのマンガが人気があるのか」と知った。それからまもなくアニメ化され、ブームになった。

いまでも気になるのは、一時期、サザエさんと天才バカボンのパパを合体させた「サザエボン」という妙なキャラがはやったことがあるが、それよりだいぶ前にステーションに送られてきたハガキにその「サザエボン」が描かれていたことだ。これは編集部で大受けしたが、あれが最初だったのだろうか。

読者欄は雑誌のイメージづくりの場

こんな調子だったので、『FMステーション』の「ズバリひと言」はほかのジャンルの雑誌でも話題になったことさえある。あの雑誌の読者欄はちょっとおかしい、読者欄を逸脱していると言われた。

読者欄というのは、編集者の選択しだいで読者をリードすることができる。悪い例が大新聞の投稿欄だ。新聞というのは自分たちの論調に迎合するものを歓迎する。例はあまりよくないかもしれないが、たとえば総理大臣は靖国神社に参拝するべきではないという投書に対して、公平であることをアピールするために「いや、積極的にすべきである」という反論を一通か二通載せておいて、それに対する批判・攻撃の投書をドッと掲載する。そうして「ああ、やはり世論は参拝反対のほうがずっと多いのだ」と思わせるやり方である。

雑誌の場合はそれに比べれば罪はないとはいえ、やはりハガキの採用不採用はその雑誌のイメージを左右する。『FMステーション』では、音楽に関したものに限らず、おもしろいセンスのものならなんでも載せるという方針でハガキを取捨選択した。「勢い」重視である。ステーションはむちゃくちゃだが、なんだか勢いがある、読者もいろんな人がいておもしろい、そういうイメージをつくり出そうとして「ズバリひと言」を構成した。もちろん、トリッキーなものばかりではしつこくて飽きるから、スタンダードなもの、常識的なものをうまく配列して強弱をつける。こうしたイメージづくりは読者に対してだけではなく、広告主や広く世の中全般に向けてのものでもある。ステーション読者には中学生、高校生が多いということもアピールできる。そのためではないかもしれないが、予備校や清涼飲料水、ファミコンの広告まで入るようになる。

そういう大局的な見方が読者欄には必要で、やろうと思えば読者をミスリードすることもできるから、読者欄とは雑誌にとって重要なものであると同時に、両刃の剣ということもできる。

人気ページになってハガキの数もふえたので、ページ数は一ページから見開き二ページになり、さらに、ときには拡大版で四ページの特集もした。判型が大きいうえ、文字が小さいので、一ページに〝ひと言〟が三十五〜四十、イラストが二十数点入る。四ページ特集となると二百五十人近い読者の投稿が載るわけである。

加えて「サウンドバザール」という読者の「売ります・買います」コーナーがあり、これにも投稿は多かった。通常二〜三ページだが、一ページあたりの掲載点数およそ七十数点。それでも掲載しきれなくなって、時おり増ページ版「サウンドＢＩＧバザール」特集をして〝在庫〟を吐き出すときには四百五十人から六百人ほどの読者の投稿を掲載する計算になる。しかも、こちらにも読者のイラストを載せる。

いかに読者からの投稿が多かったかがおわかりいただけるだろう。

それでも、「ズバリひと言」に自分のハガキが載るのは読者のあいだで一種のステータスのようになって、採用されるためにいろいろな手を考えてくるのがまたおもしろかった。

「それでは今号も〈ズバリひと言〉のはじまりです。では最初の方、どうぞ。（いちばんアタマに載せてください）」

「なるほど、それはいい意見です」

「今号の〈ズバリひと言〉はこれでおしまい。さあ、次のページは〈Q&Aコーナー〉です」

「この〈ズバリひと言〉は行数調整のためにお使いください」

などなど、掲載されるためにトリッキーな手を使う読者も多かった。

〝FMステーション連載小説〟と銘打って、バッグス・バニー君と井上良治博士（ステーションで活躍していたオーディオ評論家の先生）を主人公にした一回十数行の続き物を投稿してきた読者もいて、「それはひきょうだ」という批判が殺到した。

毎回すごくおもしろいことを書いてくる読者は常連となるわけだが、それでも同じ人ばかり載せるわけにはいかないから、選ぶのに苦労した。だが、それもぜいたくな悩みだったと思えるのは、一時期の熱狂が去ると、そういう常連からの投稿が少しずつ減ってくる。そのうち部数が減り、雑誌に勢いがなくなるとおもしろいハガキも来なくなる。やがてハガキ自体が来なくなり、二分の一ページを埋めるのにも苦労するようになる。

正直なものだ、と思う。

にぎやかだった八〇年代音楽シーン

八〇年代はメディアという点でも大きな転換期となった十年だったが、それを語る前に、音楽シーンをざっと振り返っておこう。

初期には第二次ブリティッシュ・インベイジョンというムーブメントがあった。六〇年代にビートルズやローリング・ストーンズなどのイギリスのバンドがアメリカのチャートを席捲したのに次ぐ、多くの英国バンドによる二度目の全米進出で、その代表格がカルチャー・クラブとデュラン・デュラン。それにワム!、ヒューマン・リーグ（八〇年代後半には富士フイルムのカセットテープ、アクシアのCMに出ていた）、スパンダー・バレエ、ユーリズミックス、カジャグーグー。ソロではハワード・ジョーンズがいた。

カルチャー・クラブは女装のシンガー、ボーイ・ジョージが話題で、その〝美しさ〟に賛否両論があったが、音楽ファンのあいだでは、その顔の大きさがギャグになっていた。週Fの読者欄でも、「イギリスの北天佑《ほくてんゆう》」（当時の大関）だの「ニッポン放送の玄関に顔が入らなかった」だのと言われていた。

ちなみに、彼らの最初のヒット曲「君は完璧さ」（Do You Really Want To Hurt Me）

は、最初は「冷たくしないで」の邦題で日本発売されたがパッとせず、一風堂の見岳章《みたけあきら》が「君は完璧さ」の題名でカバーしたのにならってタイトルを変えて再発売したところヒットしたというエピソードがある。

デュラン・デュランはメンバーが美形ぞろいということで女の子たちに大変な人気があった。ボーイ・ジョージを含め、こうしたビジュアルなグループとエレクトロ・ポップ系のグループをまとめて「ニュー・ロマンティック」と呼ぶこともあった。その元祖でもあるデヴィッド・ボウイとロキシー・ミュージック（ブライアン・フェリー）も、この波に乗って新たな人気を獲得した。この流れでは、先にあげたグループのほかに、ヴィサージ、アダム・アンド・ジ・アンツ、ソフト・セル、オーケストラル・マヌーヴァーズ・イン・ザ・ダーク、デペッシュ・モード、シンプル・マインズ、ジャパンなど懐かしいイギリスのバンドをズラリとあげることができる。

ボーカリストのデヴィッド・シルヴィアンの美形ぶりがおもな理由だったと思われるが、ジャパンはまず日本で人気が爆発した。そのせいもあって日本のミュージシャンとの交流があり、八二年のデヴィッドのソロ・シングル「バンブー・ミュージック」では坂本龍一が共演し、同年のジャパンの最後のツアーには一風堂の土屋昌巳がギターで参加した。

イギリスのミュージシャンということでいえば、ザ・ジャムを解散したロックのカリスマ、ポール・ウェラーは、八〇年代は元デキシーズ・ミッドナイト・ランナーズのミック・タルボットと組み、おしゃれなポップ・サウンドのスタイル・カウンシルとして活動していた。

　オーストラリア出身のアーティストが次々に成功を収めたのも記憶に残っている。六〇年代から活躍していたビー・ジーズや七〇年代に大成功を収めたAC／DCという先例はあるが、なぜか八〇年代に時ならぬ〝オーストラリアン・インベイジョン〟が起こり、「オージー・ロック」と総称された。思いつくままにあげてみると、INXS（インエクセス。ボーカリストのマイケル・ハッチェンスは世界的アイドルとなった）、クラウデッド・ハウス、エア・サプライ、メン・アット・ワーク、ミッドナイト・オイル。ソロではリック・スプリングフィールドもいて、ハンサムな彼は『FMステーション』の読者に非常に人気があった。

一世を風靡した「ユーロビート」

　イギリス発によるもう一つのムーブメントに「ユーロビート」と呼ばれるものがあった。八〇年代はシンセサイザー全盛で、このユーロビートも、テクノ系の打ち込みによるアップテンポのダンス・ミュージックだった。かつては「ハイ・エナジー」と呼ばれていたもので、とくに日本のディスコ（懐かしの「マハラジャ」とか）で大人気だった。打ち込みが基本だからプロデューサー主導で、とくにストック／エイトキン／ウォーターマンというチームがそのほとんどを手がけていた。彼らのプロデュースで、カイリー・ミノーグ、リック・アストリー、デッド・オア・アライヴ、バナナラマなどが次々にヒット曲を放った。

カイリー・ミノーグの「ラッキー・ラヴ」なんて、懐かしいな。そういえば彼女もオーストラリア出身だった。本国およびイギリスで女優としても人気でした。

カイリーは六〇年代のリトル・エヴァのヒット曲「ロコモーション」(作曲はキャロル・キング)をカバーしてヒットさせているが、この曲は七〇年代にはなんとハード・ロックのグランド・ファンク・レイルロードもカバーして大ヒットさせている。

ほかにマイケル・フォーチュナティというイタリア出身のシンガーもいました。彼のヒット曲「ギヴ・ミー・アップ」は日本の女性アイドル・デュオ、ＢａＢｅがカバーしていた。この当時の日本の女性アイドル・デュオといえばなんといってもＷｉｎｋだが、彼女たちもユーロビートの曲「愛が止まらない」(オリジナルはヘイゼル・ディーン。これはカイリー・ミノーグのバージョンもヒットしました)をカバーしていた。それから、荻野目洋子のカバー・ヒット、「ダンシング・ヒーロー」(オリジナルはアンジー・ゴールドの「イート・ユー・アップ」)も忘れてはいけない。いまや演歌歌手の長山洋子もバナナラマの「ヴィーナス」(もともとのオリジナルはオランダのロック・グループ、ショッキング・ブルーの七〇年のヒット曲)をカバーした。

本場アメリカに目を移せば、八〇年代を代表するスーパースターはマイケル・ジャクソン、マドンナ、プリンスだった。

とくにマイケルは「スリラー」(八三年)の大ヒットで、ビデオ時代のヒーローとなった。マドンナ、プリンスも同様だが、プリンスは、ビデオもさることながら映画『パープル・レイン』(八四年)が大きな話題となった。エルヴィス・プレスリーはラジオ、ビートルズはテレビ、マイケルはビデオが生んだスーパースターといえるだろう。

ほかにもアメリカを代表するロック・ヒーローとなったブルース・スプリングスティーン。ハード・ロックのヴァン・ヘイレン、ボン・ジョヴィ。この時代のブルー・アイド・ソウルの代表格ホール&オーツ、産業ロックと揶揄されたジャーニーやTOTO、大仕掛けのコンサートが話題になったプログレッシブ・ロックの雄ピンク・フロイド、プログレからポップに転進したフィル・コリンズ(ジェネシス)、フリートウッド・マック。ヒップホップの先駆者RUN-D.M.C.などなど、八〇年代のミュージシャンは実にバラエティ豊かだった。

八四年度版「好きなアーチスト/キライなアーチスト」

では同時代の日本の音楽界はどうだったかといえば、こちらもさまざまなジャンルとアーティストが群雄割拠していた。

いまに至る流れとしては、田原俊彦・近藤真彦・野村義男のいわゆる〝たのきん〟以降、少年隊、シブがき隊、光GENJIと、ジャニーズ系が途切れることなくヒットを飛ばすようになった。思うにこれもマイケル・ジャクソンの影響だろう。歌って踊る、というのがジャニーズの基本スタイルだからだ。また、アマチュアの女子大生をからかって遊ぶ「オールナイトフジ」という〝おバカ番組〟(とんねるずもこの番組からブレイクした)が生んだ女子大生ブームを受け、さらに年齢層を下げて女子高生を集め、集団アイドルの時代をつくったおニャン子クラブの出現もあった。

その一方、後半に登場したBOØWYのように、その後の日本のロックに大きな影響を与えたバンドも登場している。かつてはレッド・ツェッペリンやザ・ジャムなど、少なくとも海外のグループの名をあげるのが普通だったのに、九〇年代以降、日本のバンドに「誰に影響されてバンドを組んだのか」と聞くと、ほとんどがBOØWYと答えるのに驚いた覚えがある。

ロックに限らずこのころから、日本のポップス界は英米の洋楽に盲目的に追随するのをやめ、模倣から脱皮して独自のシーンを形づくるようになったと思う。言い方を変えれば、日本のポップスが成熟してきたのである。

そういえば、ステーションには「アーチスト・ピンナップ」(通称アーピン)という名物企画があった。毎回、人気アーティストのファッションをイラストで紹介して、そのアレンジと着こなしを読者にアドバイスするのである。これは老舗男性ファッション誌『メンズクラブ』などで活躍していたわが敬愛するイラストレーター、斎藤融《とおる》先生にお願いした。口ひげをたくわえた、実にダンディな初老の紳士で、業界では親しみを込めて「トケさん」と呼ばれている。自らモデルとして雑誌に登場することもあり、トケさんに会って帰ってきた若い女性編集部員は例外なく「なんて素敵な方でしょう」とウットリしている。物腰がやわらかく、親切で、誰からも愛されるお人柄なのである。イラストも、そのお人柄同様、実にほのぼのとしたものだ。

話がそれてしまった。あるとき、「アーピン」担当の女性に、「最近、登場するのが日本のアーティストばかりだよね。海外のミュージシャンも取り上げてみたら？」と言ったら、「だって、洋楽のアーティストってダサいんだもの。やっぱり日本のアーティストのほうがおしゃれですから」と一蹴されてしまった。うーむ、そういう時代になっていたのか。

参考までに、『FMステーション』の読者参加恒例企画「好きなアーチスト／キライなアーチスト」の一九八四年の結果を紹介しておこう。（マル数字は順位）

〈好きなアーチスト〉

①ビリー・ジョエル　②デュラン・デュラン　③ビートルズ　④佐野元春　⑤カルチャー・クラブ　⑥ホール&オーツ　⑦オフコース　⑧デヴィッド・ボウイ　⑨ブルース・スプリングスティーン　⑩プリンス　⑪リック・スプリングフィールド　⑫シンディ・ローパー　⑬ハワード・ジョーンズ　⑭ヴァン・ヘイレン　⑮ネーナ　⑯サザ

ンオールスターズ ⑰ヒューイ・ルイス&ザ・ニュース ⑱マイケル・ジャクソン ⑲松田聖子 ⑳ポール・マッカートニー ㉑大沢誉志幸《よしゆき》 ㉒中森明菜 ㉓吉川晃司 ㉔浜田省吾 ㉕YMO ㉖ジャーニー ㉗シカゴ ㉘坂本龍一 ㉙ワム! ㉚松任谷由実

〈キライなアーチスト〉
①プリンス ②近藤真彦 ③カルチャー・クラブ ④マイケル・ジャクソン ⑤田原俊彦 ⑥チェッカーズ ⑦デュラン・デュラン ⑧オフコース ⑨シブがき隊 ⑩松田聖子 ⑪吉川晃司 ⑫中森明菜 ⑬デヴィッド・ボウイ ⑭松山千春 ⑮ティナ・ターナー ⑯RCサクセション ⑰アルフィー ⑱小泉今日子 ⑲柏原芳恵 ⑳シンディ・ローパー

いま見ると、とくに〈キライなアーチスト〉になぜこの人が?——と首をかしげるところもあるが(とくに十一位以降)、それだけ露出が多く、話題性と人気があったということである。

国内アーティストが〈好きなアーチスト〉に少ないのはちょっと意外かもしれないが、それだけを抜き出してみるとおもしろい。

①佐野元春　②オフコース　③サザンオールスターズ　④松田聖子　⑤大沢誉志幸
⑥中森明菜　⑦吉川晃司　⑧浜田省吾　⑨YMO　⑩坂本龍一　⑪松任谷由実

それなりにスジの通ったランキングになっていて、そこに聖子と明菜が入っているのが、『FMステーション』らしいといえばいえる。

ちなみにビリー・ジョエルの人気はいわば最大公約数的である。彼は五年ほど連続して〈好きなアーチスト〉一位の座を保ったが、その後は渡辺美里が連続一位を続け、さらに岡村孝子、谷村有美がステーション読者には圧倒的な人気を誇った。

FMステーション的といえば、おそらく鈴木英人さんの表紙イラストのせいだろう、〝シティ・ポップ〟というジャンルが『FMステーション』のイメージとしてとらえられるところがあった。

山下達郎の八二年のアルバム『FOR YOU』のジャケットには英人さんのイラストが使われた。『FMステーション』が少しずつ売れ始めた時期でもある。その『FOR YOU』のジャケットに描かれた空の色はまさしく〝英人ブルー〟と呼ぶべきものだった。文字の看板が並ぶアメリカ郊外の街角の風景など、これこそ『FMステーション』の表紙にふさわしいものだったから、ステーションでもこの方向にシフトしていくことになる。

おしゃれでポップな、緻密で洗練された音づくりがなされた達郎のサウンドを踏襲したのがシティ・ポップと呼ばれるジャンルだった。稲垣潤一、伊藤銀次、山本達彦、大貫妙子、角松敏生《としき》、須藤薫、杉真理、松尾清憲、村田和人、高野寛などのサウンドといったら感じがわかってもらえるだろうか。これらとダブる形で大瀧詠一の『ア・ロング・バケイション』を代表作とするリゾート・ミュージックと呼べるものがあって、こちらには南佳孝、ブレッド&バター、杏里などがいる。二〇〇八年に、英人さんのイラストをジャケットにしてビクターとソニーから発売されたオムニバスCD『FMステーション』シリーズにも、〝シティ・リゾート〟ふうの曲が多く収録されていた。

このジャンルのとなりに、夏が来れば思い出すといわれたチューブ、杉山清貴&オメガトライブ(のちに杉山が脱退してボーカルがカルロス・トシキに替わり、1986オメガトライブ、カルロス・トシキ&オメガトライブと改名)などがいる。彼らはサザンオールスターズの流れにあって、にもかかわらずチューブは湘南ではなく同じ神奈川県でも山側の出身のため、サザンの桑田佳祐に「湘北バンド」とからかわれたこともあり、またオメガトライブ略してオメトラは「江戸川区のサザン」と一部で密かにいわれていた。要するに、おしゃれ度にイマイチ難があったわけです。

「好きなアーチスト」国内部門一位の佐野元春は、メッセージ性を持った日本語のロックに新たな可能性を示した。伊藤銀次とバンドを組んだこともあり、大瀧詠一の『ナイアガラトライアングルVOL.2』に杉真理とともに参加して、まずこのアルバムで注目を浴びた。『FMステーション』の読者にも絶大な人気があったのは「サウンドストリート」のDJをつとめていたことも理由の一つだろう。

オフコース人気もなかなか衰えなかった。第2章でお話ししたオフコースと『FMステーション』の「その後」だが、彼らが「解散せず」、四人で活動を再開することをおやけにしてもよい、ということになって、レコード会社の人が編集部を訪れ、約束どおり、どの雑誌よりも早く『FMステーション』に記事を掲載していただくと言ってきた。

四人になって初のグループ写真も提供するので、かつてのことは水に流して、なにぶんよろしく、ということだったが、ぼくは「そう言われても、ハイそうですかというわけにはいきませんよ」と、ここぞとばかりに恨みがましく意地悪を言った。なにしろ、ある人に「竹を割ったような性格とはよくいうけれど、オンゾウさんの場合は〝餅をついたような性格〟ですね」と言われたくらいである。しかし、いやみを言いながらも、頭の中ではすでに「オフコース4（フォー）エバー」という特集タイトルが浮かんでいた。知っている人は知っているが、「4エバー」はビートルズについてよく使われていた言い方だ。

結局、八三年の年末最終号にオフコース活動再開の〝スクープ〟記事を掲載したが、そのときもレコード会社との申し合わせで「活動を再開しそうだ」とか「年明け早々にもレコーディングを開始する見通し」とか「解散の心配はなさそうだ」とかいうもって回った言い方しかできなかった。ところが、それに続けて翌年には活動再開のインタビュー、全国ツアー直前インタビュー、またその翌年にはツアー・レポート、そしてまたインタビューと機会あるごとにオフコースを特集しているのだからゲンキンなものである。

ま、それもこれも『FMステーション』が売れたおかげだ。オフコースが「解散の危機を乗り越えた」どころか、『FMステーション』こそ休刊の危機を乗り越えてオフコースと和解したのである。

第5章

音楽メディアの変貌

——CD登場、ビデオ規格戦争、FM多局化

FMの聴き方を変えたCDの登場

「この世のものとは思えない音ですな」

初めてCDを聴いたとき、オーディオ評論家のI先生はそうつぶやいた。

八〇年代はメディアが大きく変わった十年間である。NECのPC－98シリーズや、ウィンドウズが初めて登場し、パーソナル・コンピュータ時代の幕開けとなったことは措《お》くとして、CD（コンパクト・ディスク）が発売されてアナログ・レコードに取って代わり、ホーム・ビデオが急速に普及した。そしてFMの多局化が始まった。八〇年代はメディアの転換点だった。

ソニーから日本で最初のCDプレーヤー、「CDP－101」が発売されたのは八二年十月のこと。価格は十六万八千円（別売リモコン一万円！）。同時発売されたソフトは、マゼール指揮ウィーン・フィルの『ベートーヴェン「運命」／シューベルト「未完成」』、ビリー・ジョエル『ニューヨーク52番街』、大瀧詠一『ア・ロング・バケイション』などで、LPが二千五百円から二千八百円だったのに対し、クラシックは定価三千八百円、ポピュラーは三千五百円だった。

ソニーからこのプレーヤーと大瀧のソフトを借りて、CDの試聴をしたときのことを、驚きのあまり、いまでもよく覚えている。オーディオ評論をお願いしていたI先生も一

ソニー「CDP-101」
日本初の CD プレーヤー。（写真提供：ソニー株式会社）

緒だった。

まず、アナログ・レコードと違って、あたりまえだがスクラッチ・ノイズ（レコード針の先が音溝をひっかく音）がないので、無音状態からいきなり音楽が始まる。

「まだ心の準備ができてない！」

そう文句を言いたくなるほど、本当に「いきなり」始まるのだ。アナログ・レコードの場合、針を落とすと、まずシャーッというノイズが聞こえる。まるで「さあ、これから音を出しますよ、いい曲ですよ、期待してくださいね」とリスナーに語りかけているようだ。これが、待ちに待った新譜だったりすると、ノイズを聴きながら期待はさらに高まり、胸をワクワクさせることになる。ジョージ・ハリスンも八七年暮れのインタビューで、「ぼくはスクラッチ・ノイズが好きなんだ」と言っている。

テープにもヒスノイズがあり、曲が始まる前には「何か音がするもの」という先入観が刷り込まれてしまっているから、無音状態から音が飛び出すことに不意を打たれた人はたくさんいたと思う。それはまるで「無」から「有」が生まれるような不思議さだった。

　そして、そのサウンドである。

　冒頭に紹介した「この世のものとは思えない音ですな」という言葉を、Ｉ先生は思わず、という感じでいみじくもつぶやいた。これは音響学的・哲学的に深い含蓄のある言葉ではあるが、ぼくの手にはあまるので、それは措く。

　さすがに二度三度と聴くうちに慣れてはきたが、最初に聴いたときは、一つ一つの音があまりクリアなため、何十というさまざまな楽器の音がどっとあふれ出て、てんでばらばらに鳴っているような気がした。たとえはわるいかもしれないが、長期入院のあとの退院祝いでひさしぶりにビールを飲んだとき、いろいろな味がバラバラに舌に飛び込んできてめんくらってしまい、ヘンなものを飲んだのかと思わずビンのラベルを見てしまった、その体験に近いものがあった（二杯目からは普通に飲めた）。

　とくに高音の楽器の自己主張が激しく、たとえば「さらばシベリア鉄道」の鈴の音はキラキラと輝いて、「おお、こんなところに鈴が隠れていたのか！」とぼくが初めて気づいたことに満足そうな余韻を残してフェイドアウトするのだった。まるでドラッグ体験のようにさえ思えた。

　この感じを、一般的には「金属的な音」とか「硬い音」とか言って、デジタル音の特徴、ＣＤの弱点とした。それに比べてアナログは「やわらかな、温かい音」とされ、たしかにそういう傾向はあったようで、各メーカーは〝やわらかい音〟と感じてもらえるようにあれこれ工夫をこらしたようだ（もしかしたらただ高周波帯域をカットしただけのこともあったかもしれないが）。

翌年にはヤマハが早くも十万円を切るプレーヤー「ＣＤ－Ｘ１」（九万九千八百円）を発売した。さらにその一年後には、五万円以下のプレーヤーが続々と登場した。ソフトも二千八百円に値下がりした。それが功を奏し、使い勝手のよさもあって、ＣＤはどんどん売れ行きを伸ばした。発売から六年後の八八年にはＬＰの生産枚数を追い越してしまう。

これでアナログ・レコードの命運もつきたかに思えた。あるレコード針（カートリッジ）のメーカーは、この状況に対処するため、意外なことに家庭で握り寿司ができる〝自動寿司握り機〟を開発し、発表会を行った。おもちゃのパチンコ台のような機械に酢飯と寿司ネタを入れると、出口からコロンと握りが出てくるのだ。パネルが透明で、機械が〝握る〟プロセスが見えるようになっている。オーディオ関連マスコミの人間はリアクションに困ってしまった。コロンと落ちてきた拍子に寿司ネタがはがれて落ちてしまったりすると、目のやり場にも困った。

ところが、これがいまではちゃんと業務用〝寿司ロボット〟として世界的なビッグ・ビジネスになっているらしい。その先見の明は大したものです。ちなみに、このメーカーはマイクやヘッドホン、光学ピックアップなどの方面でも、相変わらず確固とした地位を保っている。一時はすっかり消えてなくなるものと思われていたレコード・プレーヤーも、その後のクラブＤＪの活躍もあって生き残っているのはご存じのとおり。

CDがロック／ポップ・クラシックスをつくった

ＬＰからＣＤになったおかげで、レコード会社のプロモーターの皆さんは楽になったのではないかと思う。彼らはいつも見本盤ＬＰとカセットをギッシリ詰め込んだ紙袋を手に提げて、各メディアに配って回るのである。ＬＰはズッシリと重い。それがＣＤに替わったおかげで、だいぶ軽くなった……と思うのだが、最初のうちはＣＤの見本盤はなかなかもらえなかった（本当はもらうのではなく、試聴用の貸与なのだが）。まだ高価だったせいか、見本盤まで手が回らなかったせいか。

個人的なことを言わせてもらえば、ぼくにとってのＣＤがもたらしたいちばんの恩恵は、ジョン・コルトレーン六六年の来日ライブ盤『コルトレーン・イン・ジャパン』に収録された「マイ・フェイヴァリット・シングス」が、通して聴けるようになったことだった。

この曲はイントロダクションを含めてなんとまぁ五七分一九秒もあり、とてもじゃないがＬＰの片面には収まりきらない。で、A面の途中でいったんフェイドアウトする。急いでレコードをひっくり返してB面にすると、フェイドアウトした少し手前あたりからフェイドインするものを再び聴くことになる。それが、七五分から八〇分収録できるCD（規格としては収録時間七四分四二秒）では途切れることなく聴けるのである。これはうれしかった。CDの収録時間はLPの倍以上あるのだ。

もう一つよかったのは、すでに廃盤になっていたLPやSPが次から次へとCD化されたことだ（レコード会社にとってはコンテンツをふやす意味もあったと思われる）。そのため、好きなアーティストの全作品がCDでそろうということにもなった。一九八六年に創設され、八七年に第一回授賞式を行った、日本レコード協会主催の「日本ゴールドディスク大賞」という音楽賞がある。これはCDやレコード、ビデオなどの音楽ソフトの売り上げ枚数のみで受賞者を決めるので、いっそ潔い。第一回の大賞（アーティスト・オブ・ザ・イヤー）こそ、中森明菜（邦楽）とマドンナ（洋楽）という現役組だったが、次の第二回の洋楽部門受賞者はビートルズだった（邦楽部門はレベッカ）。八七年度には、ビートルズの全アルバムがCD化されたため、売り上げ総数でビートルズが洋楽トップになったわけである。

セールスだけで決めるから、すでに解散したり故人になったりしているアーティストでも〝アーティスト・オブ・ザ・イヤー〟に選ばれることになる。ビートルズはその後九四年にも二〇〇一年にも大賞を受賞しているし、〇五年には、木村拓哉主演のドラマ『プライド』で往年の名曲が何曲も使われて人気が再燃したクイーンが大賞に選ばれている。

これに便乗して、『FMステーション』でも「CDで聴く伝説のアーティスト」という連載を始めた。こういうタテマエがあれば、なかなか取り上げにくかった懐かしのミュージシャンも好き放題に取り上げることができる。おかげでビリー・ホリデイやボブ・マーリー、サディスティック・ミカ・バンド、はっぴいえんどなども心おきなく記事にできた。ここぞとばかりビートルズの連載まで始めてしまった。

アナログ盤からCDに移行するにあたって、思いがけなく廃盤や過去のアーティストにスポットが当たることになった。アナログで発表されたものをデジタルで聴くのは間違いだという人もいて、ジョージ・ハリスンもビートルズのアルバムをCDで聴くと、なんだか自分たちがレコーディングしたものとは違うような気がする、というようなことを言っていた。それはそうなのだろうが、過去の名作が新たな形でよみがえったのは喜ばしいことではあった。

CDのもたらした〝悪影響〟

CDは音楽を取り巻く文化を大きく変えたが、ものごとはすべて功罪相半ばする。CDの登場は必ずしもいいことばかりではなかったと思う。

まずは音楽からグラフィック・アートの文化が失われたことである。LPジャケットの写真やイラスト、デザインは中身の音楽と一体となって、アルバムの表現の一部となっていたのに、直径十二センチのCDのケースに収められたジャケットは、グラフィック・アートのスペースとしてはあまりに小さすぎる。LP（旧譜）のCD化の場合、オリジナルのジャケットをそのまま使うのが一般的だが、もともと三十センチ四方のジャケットのために考えられたものだから、なんとも冴えないものになってしまう。

たとえばビートルズの『サージェント・ペパーズ・ロンリー・ハーツ・クラブ・バンド』など、もう細かすぎて人物が佃煮のようである。ピンク・フロイドの『原子心母』『炎』『狂気』など、ヒプノシス（デザイン・チーム）が手がけた傑作ジャケットもこれでは台無しだし、キング・クリムゾンの『クリムゾン・キングの宮殿』はまるでマンガである。アンディ・ウォーホルがデザインしたローリング・ストーンズの『スティッキー・フィンガーズ』など、ジッパー（写真ではなく、本物）のサイズがジーンズに合っていない。

こういった名作に限らないが、LPのジャケットを再現した紙ジャケ仕様なるものは、どれも〝ミニチュア模型〟のおもしろさでしかない。それなら十二センチ四方というサイズを生かしたデザインを考えるべきで、CDジャケットならではの傑作が生まれてもいいはずだが、いまのところ現れてはいない。なぜなら、問題は音楽からジャケットのデザイン・アートが奪われたことだけにあるのではなく、それは音楽にまつわる文化的属性がはぎとられていく過程の始まりだったからである。

LPからCDへの移行によって、レコード・ジャケット文化が失われ、そしていまや音楽配信とダウンロードによってパッケージ自体がなくなりつつある。音楽以外のよけいなものはいらない、音楽だけ聴くほうが純粋な楽しみ方だ、という意見にも一理ある。だが、六〇～七〇年代のミュージシャンが、LPを音楽とビジュアルが一体となった作品としてとらえたのは意味のないことではないと思う。

音楽自体は形のないものだし、時間とともに消えていくものである。それにビジュアルな形を与えたいというのは自然な気持ちだと思う。そうでなければ、なぜFMリスナーたちはエアチェックテープのドレスアップにあれほど夢中になったのだろう。

CDは、音楽を消耗品にする第一歩だった。そのCDも、いまや存続の危機を迎えている。

オーディオ機器という点では、CDプレーヤーを搭載したCDラジカセが登場し、ラジカセはますます多機能になった。

八七年に出たサンヨーの「PH－WCD3」というラジカセを例にとると、UHF／VHS／AM／FMチューナー、ダブルリバースカセットデッキ、CDプレーヤー、デジタルタイマー、サラウンドスピーカー、スイッチ切り換えによる3ウェイ・6スピーカー。これだけのものを搭載・内蔵している。これで八万二千円である。

こうしたことがいよいよオーディオ・メーカーを苦しめることになる。新製品には多くの機能を詰め込み、性能も上げ続けなくてはならないが、ラジカセにそれほど高い定価はつけられない。さらにいえば、ラジカセの音がよくなりすぎたのも失敗だった。一般的なリスナーはラジカセで満足し、グレードアップするとしてもせいぜいミニコンポまで。つまりチューナー、アンプ、カセットデッキ、プレーヤー、スピーカーといったコンポ単体を買って組み合わせるといったオーディオ・ファンが少なくなり、そういう儲けの出る商品が売れなくなるという悪循環に陥った。

かつてはたとえばチューナーならトリオ、レコード・プレーヤーならデンオン（現デノン）、テープデッキならアカイ、アンプならサンスイ、スピーカーならヤマハか三菱、オンキョーといった組み合わせを考えたりするのがオーディオの楽しみだったが、そういうファンも少数派になり、かつては文字どおり〝構成部品〟を意味したコンポ（コンポーネント）という言葉も、いまや初めから一体化したミニコンポを指すようになってしまった。こうして、オーディオ市場も衰退していった。

いま家電量販店のオーディオ売場に行ってみると、単体コンポの置いてある一角は高級な雰囲気になっていて、こうしたオーディオ製品は再びマニアのものとなったようだ。それはそれで収まるべきところに収まって、コンポたちもホッとしているようにも見える。

もう一つ、ＣＤは基本的に音が劣化せず、アナログ・レコードのように磨り減ることがないので、レンタルＣＤというビジネスを急成長させる現象をもたらした。レコード会社や著作権協会は危機感を抱き、法律で規制しようとしたが、レンタル業界との話し合いの結果、八四年に事実上レンタルが合法化された。だが、これによってCDからテープへの録音が一般的となり、結果的にFMエアチェック人口の低下を招くことになった。

ビデオ時代の到来とVHS vs. ベータ

CDと並んで、八〇年代に新たなメディアとして広く普及したのがホーム・ビデオである。

すでにカセット方式の業務用ビデオUマチックで成功していたソニーが、七五年に家庭用の「ベータマックス」を開発し、ビデオデッキ第一号機「SL－6300」を発売した。価格は二十二万九千八百円。ビデオカセットテープは六〇分タイプで四千五百円。

翌年には日本ビクターが、独自に開発したVHS規格の〝ビデオカセッター〟第一号「HR－3300」を発売する。こちらは二十五万六千円で、一二〇分テープが六千円。

ここから、生き残りをかけてベータ vs. VHSの熾烈な争いが始まる。両者の特徴と違いはいろいろあるのだが、大ざっぱにいってしまえば、ベータは画質がよく、カセットのサイズが小さい。一方、VHSは長時間録画が手軽にできて、採用するメーカーが多い。とくに、巨大な販売網を持つ家電メーカーの元締め的存在、松下電器（現パナソニック）がVHS陣営につき、七七年に「マックロード」を発売したのが大きかったと

上はソニーのベータマックス方式 VTR の第 1 号機「SL-6300」、下はビクターの VHS を採用した「HR-3300」。ここからベータ vs.VHS のビデオ規格戦争の火蓋が切られたのだ。（写真提供：ソニー株式会社、日本ビクター株式会社）

いわれる。

　松下電器創業者の松下幸之助氏のカリスマ性と発言力は並ではなかった。ビクターは松下電器の子会社だったのだが、だからといって「商いの神様」と言われた松下幸之助氏がすんなりＶＨＳを採用するわけはない。あるとき、松下幸之助氏が突然ビクターに現れて試作品を手にとり、激励の言葉をかけたのでＶＨＳの開発チームは感激し、意を強くした。また一方、ソニー創業者の一人である盛田昭夫氏は幸之助氏にこう言われたという。

「うちにはソニーという研究所が東京にありましてなあ、ハッハッハッ。ソニーさんがね、何か新しいものやってね、こらええなとなったら、われわれはそれからやりゃあいい」（盛田昭夫著『メイド・イン・ジャパン』より）

　松下がソニーをまるで自分たちの〝実験開発室〟のように見ていたというのはどうも本当のようである。

松下電器がベータとVHSのどちらの規格をとるか、結局、幸之助氏の前でソニーとビクターがデモンストレーションを行って決めることになった。幸之助氏はまさに松下というメーカーを超えた〝業界の王様〟だったのである。その結果、VHSのほうが、部品点数が少なくてコストが安くすみ、しかもデッキが軽量なので店で買ったお客さんが持って帰れる重さだったことが決め手となったという。

まったくの余談だが、松下幸之助氏が亡くなり、東京本社で取引先向けの葬儀が行われたのは八九年（平成元年）の、ちょうどゴールデンウィークが始まる時期だった。家族と旅行に出発する日だったので朝早く出向いたところ、なんとぼくが最初の弔問客で、まだほかに誰もいなかった。おずおずと会場に入ったら、正面に巨大な遺影が掲げられ、広いフロアの両側に居並んだ大勢の社員の方々が、いっせいにぼく一人に注目して頭を下げた。いやもう、長い長い絨毯《じゅうたん》の上を歩きながら、献花台にたどりつくまでに緊張のあまり何度かころびそうになった。

幸之助氏はクリスチャンだったらしく、花がズラリと置かれている。ふつうなら前の弔問客がするとおりに真似をすればいいのだが、ほかに誰もいないので「えーとえーと、たしかこうするんだったな」とおろおろしながら花を供え、遺影に向かって「すみません、ぼくのようなのが最初で。やすらかにお眠りください」と合掌しながら思わずあやまってしまった。なにしろ子供のころから偉人伝で親しんでいた方である。ご存命中にもしお目にかかっていたら、目がつぶれていたかもしれない。

それはともかく、松下が同陣営についたことはＶＨＳにとっては大きな味方を得たことになるのだが、七〇年代後半から八〇年代にかけてはベータ、ＶＨＳともに順調に売れ行きを伸ばしていく。

八一年にアメリカでポピュラー音楽のビデオクリップを流す音楽専門チャンネル「ＭＴＶ」が放送を開始。マイケル・ジャクソンの『スリラー』のタイトル曲のビデオが大変な話題となり、アルバムがベストセラーとなったのは一九八三年のことだ。

その八三年にはベータ、ＶＨＳ両規格にハイファイモデルが登場する。このときもベータHi‐Fiのほうが先行していたが、これでビデオへの注目度がグンと高まった。ぼくもこのときになってビデオデッキを買った。当然のようにＶＨＳを選んだ。

このころには、ベータとＶＨＳのどちらを選べばいいかがユーザーのあいだでも問題となっていた。画質のベータか、長時間録画ができて汎用性の高いＶＨＳか。いつまでも両規格が並び立っていくとは思えなかった。

『ＦＭステーション』でも「ベータvs.ＶＨＳ」という記事を何度か掲載したが、業界およびマスコミのあいだでは、どうも生き残るのはＶＨＳのようだという空気が広がっていた。それはおもに、ビデオソフトの問題だった。ニューヨークのビデオショップに行ったとき、棚にある映画ソフトが九割がたＶＨＳなのを見て、ビデオソフトの中核をなすハリウッド映画のソフトがすべてＶＨＳになってしまったら、日本でもベータに未来はない、とぼくも実感した。

だが、記事として「ベータに将来性はありません。ＶＨＳを買ったほうがいいですよ」とは書けない。広告収入が大きな比重を占める商業誌で、大事な広告主であるソニーが懸命に売ろうとしている商品を否定することになる。かといって迷っている大切な読者には真実を伝えたい。ジレンマである。

しかたなく、ベータの画質のよさをほめまくって画質重視のマニアにはおすすめというメッセージを密かに発しているつもりだった。読者のみなさん、これで察してくださいね、ということにし（それは事実だから）、ＶＨＳは気軽にテレビ番組を録画したい一般ユーザー向けであると書く（これも事実だし）。ダメ押しとして別の号の編集後記に「ニューヨークのビデオショップでＶＨＳの多さに驚いた」てなことを書いた。ほとんどすべてＶＨＳだったとは書かず、ちょっと表現を弱めているわけです。つらいなあ。

昔のビデオショップは暗かった

もう一つ、ニューヨークのビデオショップで驚いたのはその明るさだった。いや、照明や採光だけでなく、その雰囲気が明るくて、とてもうらやましかった。

いまでは信じられないかもしれないが、初期の日本のビデオショップは暗かったのだ。アダルトビデオがビデオの需要を伸ばしたとよくいわれたものだが、たしかに、ちょっと堂々と入れない暗くあやしげな雰囲気の店が多かったのは事実である。ポルノがズラーッと並び、片隅に申し訳程度にそれ以外のソフトが置かれている小さな店がほとんどだったのだ。ぼくはその片隅にずっと観たかった昔のテレビ映画のビデオが置いてあるのを店の外から見つけ、あたりをキョロキョロ見回して、誰も見ていないのを確認してから店に飛び込んで急いでそれを抜き取り、カウンターに持っていって代金を払ってダッシュで出てきた思い出がある。いまでも持っているそのビデオは、円谷プロ製作、実相寺昭雄監督、岸田森《しん》主演、タイトル『怪奇大作戦　京都買います』。ん？　これも十分あやしいかな。

ま、そのうちごく健康的なビデオショップがどんどんできてホッとしましたが、だからアダルトビデオの功績というのもあながち嘘ではなさそうである。一説には、アダルトビデオのメーカーが、比較的低価格だったＶＨＳを選んだことがベータ敗退につながったという。真偽ははっきりしないが。

オーディオ／ビデオメーカーのパーティなどに行くと、飲んだり食べたりしながら社員の方々とも歓談するわけだが、あるときソニーのパーティで、いつもどおり社交性のかけらもなく、会場のすみっこで一人ビールをがぶ飲みしていたら、ある社員の方があわれんで話しかけてきてくれた。あまり話すこともないので、つい「ソニーもベータと並行してＶＨＳを出したらどうですか」と失礼なことを口走ったら「いやあ、まあ社内でもそういう意見もあるにはありますが、やはり体面というものが……」と苦笑された。そのパーティでくじ引きか何かがあり、ぼくもけっこう上位の景品が当たったのだが、中身はベータのビデオカセット一か月分だった……。

ソニーにとって大失敗だったのは、いまでも語り草になっている八四年の逆説的広告、いわゆるネガティヴ広告である（そういえば、としまえんも「史上最低の遊園地」という広告を打ったことがあった。覚えていますか？　ああいうのがネガティヴ広告です）。

新聞広告の見出しにいわく「ベータマックスはなくなるの？」あるいは「ベータマックスを買うと損するの？」。これはちゃんと「答えはＮＯ」と最後に書いてあるのだが、インパクトが強すぎて、あわて者は「ああ、やっぱり……」と思ってしまったところがある。広告はすみずみまで読んでもらえるとは限らないし、インパクトの強いところだけが記憶されるからだ。また、迷っていたユーザーもこれでベータマックスが劣勢なのを知ってしまい、じゃあＶＨＳを選んだほうが無難だな、という心理になったことは想像に難くない。

結局、ベータを発売していたソニー以外の各メーカー（東芝、ＮＥＣ、サンヨー、アイワなど）は八六年までにみなＶＨＳに移行し、孤塁を守っていたソニーも八八年にはＶＨＳの製造・販売を始めた。ベータはプロ用として残った。

ちなみに八六年、ぼくはレンタルショップでビデオカメラを借りて子供の幼稚園入園式を撮影した。もっとも、それはデッキを肩にかけ、それにカメラをつないで写すという、すでに旧式のもので、やたらにデッキが重かった。何人かがハンディなビデオカメラを手にしているのを見て、「ああ、コンパクトなカメラはいいなあ」とうらやましかったことを覚えている。このころからビデオは気軽に撮影して楽しむものになっていたのだ（誰もがスマホを持ち歩く近未来など、誰が予測できただろう）。

もう一つのビデオ戦争

ビデオディスクという考え方はかなり以前からあって、レーザーディスク（LD）とVHDが、これも市場争いを繰り広げた。七七年にフィリップスが技術を開発したLDをパイオニアが商品化して、第一号機を発売したのは八一年、日本ビクターがVHDを開発・発売したのが二年遅れの八三年。したがって、ベータvs.VHSとほぼ同時期に規格競争をしていたことになる。日本ビクターはビデオディスクとカセット両方で争っていたわけで、さぞ大変だったろう。やがてDVDの登場とともに、VHDは二〇〇三年、LDは二〇〇九年にそれぞれハード、ソフトともにすべての生産を終了している。

LDは記憶している人もまだ多いと思う（ぼくの家にはまだプレーヤーがあるし、もちろんソフトも残っている）。見た目はCD／DVDの超大型版である。なんといっても三十センチLPと同サイズで、そのデカさでキラキラ光っているのだから、いま見ると壮観だ。これを吊っておけばCDに慣れたカラスも尻に帆かけて逃げ出すに違いない。

LDも光ディスクだから、CDとのコンパチブル（一体型・通称コンパチ）モデルが多かった。

一方のVHDのソフトは、すでに知らない人も多いかもしれない。一見したところ巨大なフロッピーディスク（これも若い人はもう知らないだろう）といったところだ。ディスクはケース（キャディ）に収められていて外からは見えない。これをケースごとガッチャンとプレーヤーに押し込むとディスクだけ吸い込まれるので、ケースを引っ張り出すと再生が始まる仕掛けになっている。

LDもVHDも収録時間が短く、片面が終わるといったん取り出して裏返す必要があった。LDはやがてピックアップを反転させて両面再生するモデルが現れた。LD版オートリバースである。そういえば、VHDはピックアップに接触式センサーを使っていたのでディスクが劣化するのが弱点といわれていたが、LDも錆などで劣化することがあとからわかった。

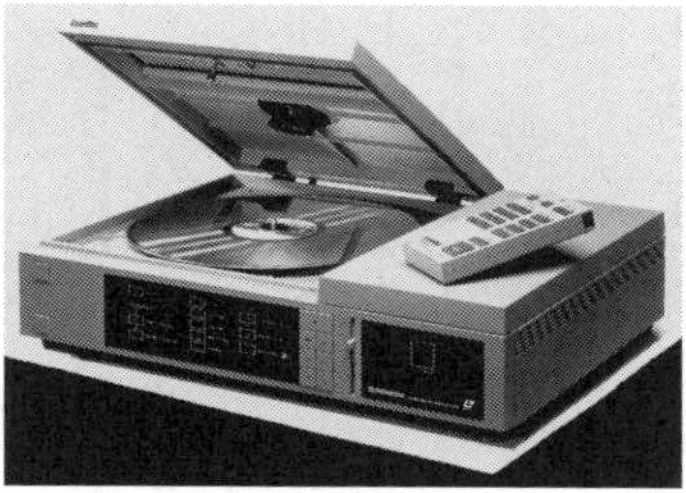

パイオニア「LD-1000」
発売直前に配布されたと思われる1981年8月の報道関係資料によると、10月9日の発売で、定価は228,000円。ソフトはこの年内中に「100以上を予定」とある。（写真提供：パイオニア株式会社）

このLD vs. VHD戦争は、当初LD陣営はパイオニア一社だったのに対し、VHD側は日本ビクター、松下（現パナソニック）、東芝、NECなど計十五社におよんだ。多勢に無勢、とても勝ち目はなさそうに見えて、意外やLD優勢のうちに勝負はアッというまについてしまった。

どちらも業務用カラオケに用いられたが（レーザーカラオケなんてありましたね）、VHDの場合、接触式センサーがその連続再生に弱かったともいわれ、また、LD／CDコンパチモデルが強力だったとか、様子をジッと見ていたソニーがLD側について日本ビクターに対してベータの仇を討ったとか、いろいろなことをいわれているが、LDが勝ったのはやはり断然ソフトの差だったように思う。数的にどれくらいの差があったのかデータがないのでわからないが、少なくとも東京ではLDソフトはずいぶん店頭に並んでいたのに対し、VHDはほとんど見た記憶がない。

『FMステーション』でLD vs. VHDの特集をしたとき、ソフトのジャケットを撮影しようとして、LDのほうはぼくのビートルズ『HELP!』でまにあわせたものの、なんと編集部周辺にVHDを持っている人間が見つからない。やっとイラストレーターのYさんが持っていることをつきとめて借りることができた。ジャック・タチ監督・脚本・主演による五八年のフランス映画『ぼくの伯父さん』だった。Yさんはしゃれた趣味を持っていた。ずっと友だちづきあいをしていたが、早世してしまった。

この「LD vs. VHD」特集でも、迷っているならLDを買ったほうがいいですよとは、やはりはっきりとは言えなかったが、それでもLD有利という感じは誌面から伝わっていたと思う。ソフトの多さだけでなく、画質の点でもVHDの水平解像度が二四〇本なのに対しLDは四〇〇本以上と、その差はデータの数字にあらわれていた。

もっとも、LDもその後大きく伸びることはなかった。LDで映画ソフトを観ているというと、うらやましそうに「さぞ画質がいいんでしょうね」と言う人もいたが、べつにLDでなくても普通のビデオ（VHS）でいいじゃん、という顔をする人のほうが多かった。

CDに録画もできるという話は早くからけっこう知られていたし、やがてCDサイズのデジタル・ビデオディスクが出るという噂も早くからあった。実際にDVDが発売されると、あっというまにバカでかいLDは駆逐されてしまった。

それにしても、DVDでもレコーディング規格で大変な混乱があったし、最近でもHD・DVDとブルーレイの規格争いがあった。このビデオ規格戦争というのはユーザーにとっては困りものである。

FM誌なのになぜビデオをそんなに取り上げるのかと、少々批判めいたことも言われたが、それだけ当時ビデオが盛り上がっていたのである。「スリラー」の大ヒットで、音楽のプロモーションビデオ（PV）のブームも起こっていた。RUN－D.M.C.がエアロスミスの「ウォーク・ディス・ウェイ」をベースにした同名カバー曲をヒットさせ、そのビデオクリップに出演したエアロスミスが、おかげで息を吹き返すというけっこうなオマケまでついた。

だが、せっかくの音楽が映像付きで紹介されると、リスナーのイマジネーションをさまたげるという意見も多かった。ある曲を聴いてリスナーが思い思いのイメージを抱く自由を奪ってしまう。ぼくもそれはいいことではないと思う。「ビデオがラジオ・スターを殺してしまう」と歌うバグルス一九七九年のヒット曲「ラジオ・スターの悲劇」がリバイバルしたのもそのせいではないか、と思っていたら、なんとMTVが開局日に最初に流したのがこの曲だったと聞いて驚いた。MTVもなかなか意地悪だなあ。

ハイファイビデオ・デッキでFMエアチェックもできる、というテーマを考えて記事にもしたが、やはりこのやり方は一般的にはならなかった。

八〇年代は、音楽を取り巻く環境の一大転換期だったとは前にも言ったが、この時期、もう一つ、FMの多局化という大きな動きがあった。それが長く続いたFM放送の平和な時代に波風を立て、FM雑誌の存在を揺り動かすことになる。

FMの多局化が始まった

『FMステーション』が創刊されたのは、じつはFM自体も、FMを取り巻く環境も、それぞれ大きく変わり始めていた時期だった。ボスもそれについては深く考えずにFM誌創刊を決めたと思われる。ステーションが参入したときには、ほかの三誌が長く過ごしていた牧歌的な時代は終わろうとしていたのだ。

CDの登場もさることながら、これまでおよそ十年にわたって東京、愛知、大阪、福岡に一局ずつしかなかったＦＭ民放局が、八二年から各県に相次いで開局することになった。ＦＭ多局化の時代である。『ＦＭステーション』が、まだ体制的にも部数の面でも軌道にのらず苦しんでいたときだ。

　その皮切りとなった全国五番目の民放局であるＦＭ愛媛以降、八二年から八四年にかけて開局した各局とその開局日を列記してみると――。

ＦＭ愛媛（松山）	八二年二月一日
ＦＭ北海道（札幌）	同　九月十五日
ＦＭ長崎	同　十月一日
ＦＭ仙台	同　十二月一日
ＦＭ広島	同　十二月五日
ＦＭ静岡	八三年四月一日
ＦＭ沖縄（那覇）	八四年九月一日
ＦＭ宮崎	同　十二月一日
ＦＭ福井	同　十二月十八日

　八二年には五つの新局が誕生し、三年間で九局が開局している。これらの地域の中には既存民放局、たとえばＦＭ愛知やＦＭ福岡を受信できていたところもあるだろうが、

ほとんどはＮＨＫしか聴けなかったはずだから、地元のリスナーにとっては大歓迎だが、ＦＭ誌は喜んでばかりはいられない。当然ながら、これらの局の番組表を新たに掲載しなくてはならないからである。番組表のページがふえ、番組班の負担が増すだけではない。地域版をふやす必要がでてくる。

『ＦＭステーション』は、すでに創刊時から東版・西版・九州版の三版を発行していたが、他誌はすべて東版・西版の二版体制だった。それが、『ＦＭレコパル』は八二年の十一月二十二日号から一気に五版体制に移行した。『ＦＭｆａｎ』、『週刊ＦＭ』も後に続いた。『ＦＭステーション』は愛媛の開局にともなって、九州版を中四国・九州版にし、さらに北海道版・東北版を作って、関東版・中部版・関西版と合わせて六版にした。

番組表以外のページは各版とも共通なので、番組表のページだけ差し替えて製本するわけだが、版がふえればふえるほど手間がかかる。印刷・製本のコストは上がるし、番組班の制作費だって据え置きとはいかなくなる。

配本も難しい。新潟の読者からのハガキには、「私の住んでいる町では関東版が、隣町では中部版が、隣の市では東北版が売られています。ちなみに隣町のある店では関東版と中部版が並べて置いてあるのでよく見て買わなければ」とあった。まぎらわしくてごめんなさい。

おそらくほかの三誌はこのときが来ることを前々から予測し、それなりの手を打ってはいたのだろうが、創刊したばかりの『ＦＭステーション』はそれどころではなかった。

とにかく雑誌を軌道にのせるのに精一杯で、「こんなに開局するのか、まいっちゃうな」などと言いながら場当たり的に対応するしかなかった。

ＦＭ愛媛の開局にあたっては、とにかく十二年ぶりの民放ＦＭ局開局だから、一応、お祝いのごあいさつくらいはしなくてはいけないかなと思い、入稿を終え、出張校正（印刷所まで出向いて最終校正をすることです）が終わったところで松山を訪ねて行くことにした。

出張校正を終えたら、もうすっかり朝になっていた。ＦＭ愛媛の担当者の名前も知らないし、いきなり行ってもまさか全員留守なんてこともないだろうから、そのまま直行することにして電話で飛行機の切符をとり、羽田空港へ向かった。

搭乗してシートにすわったとたん、徹夜の疲れが出て熟睡してしまった。ふと気がつくと、飛行機はすでに松山空港に向かって着陸態勢に入っていた。いやあ、松山は近いなあ。

羽田では時間がなかったので、祝いの品をまだ買っていなかったが、市内に入ればデパートなり大きなスーパーなりがあるだろうからそこで酒でも買おうと、タクシーに乗り込んだ。ところが、それらしい店がないままＦＭ愛媛の社屋に着いてしまった。タクシーをおりながら、すぐそこに古めかしい小さな酒屋が見えたことを思い出して歩いて戻り、酒屋の引き戸をガラッと開けたらなんと、まだ午後四時くらいだというのに、大勢のおじさんたちがカウンターで日本酒を飲んでいる。反対側は座敷になっているが、どうやらこの家の居間らしく、小さな子供が泣いていた。

一瞬、しまった飲み屋さんだったのかと思ったが、たしかにカウンターの後ろには売り物らしい日本酒の一升瓶やウィスキーのボトルが並んでいる。この際しかたがないので、カウンターの中のおかみさんに、飲んでいるおじさんの背中ごしに一升瓶を注文した。熨斗《のし》紙とか化粧箱とかを頼めるような雰囲気ではないので、そのまま飲んでいるおじさんの背中ごしに受け取り、店を出てＦＭ愛媛に向かった。

「ごめんください」と声をかけてオフィスに入ると、中年の女性が応対に出てきた。

「あの、『ＦＭステーション』という雑誌の編集部の者ですが」

「はい」

「開局のお祝いにうかがいました」

「はい」

「……えーと、広報のご担当者かどなたか、いらっしゃいますか」

「いま、みんな出ています」

「そうですか。えーと……私、こういう者です（名刺を出す）。それで、これはお祝いのお酒です」

「ああ、ありがとうございます」

「……よろしくお伝えください。えーと……さようなら」

「さようなら」

用事はあっというまにすんでしまった。

どうしようかと思いながら、喫茶店があったのでとりあえず入って時刻表を借りて調べてみたら、もう羽田行きの飛行機はない。では、フェリーのような船の便は……（この頃は、まだ四国と本州を結ぶ橋など一本もなかったのである）、これもない。まだ明るいのに、四国に閉じ込められた！

結局、翌朝帰ることにしてホテルをとり、夕食に適当な店を探しながら、街を歩いていると、妙な懐かしさにとらわれた。松山は、なんだか昔、夢で見たような気のする街だった。どこからともなく、聞き覚えのある電子音が聞こえてきた。

「ヒュン、ヒュン、ヒュン！」

おお、懐かしのスペースインベーダー！　松山市民はまだインベーダー・ゲームで遊んでいる！

――ＦＭ多局化についての最初の思い出は以上のようなものだ。どうも初めからつまずいているような気がする。

『ＦＭステーション』のピークとＦＭ横浜開局

八五年にはさらに、富山・秋田（四月一日、二局同時開局）、群馬（十月一日）が開局しているが、八二年以降ここまでに開局した十二局は、ＦＭ東京をキー局、ＦＭ大阪を準キー局とするJFN（ジャパンエフエムネットワーク。全国FM放送協議会）に加盟している。いわば既存民放四局の仲間うちで、受信エリアも基本的に重複しないから、FM雑誌は〝多局化〟の影響をもろに受けても、各FM局にとってはさほど状況が変わったわけではない。

JFNというのは、加盟するFM局に番組供給を行うために各局が株主となって設立されたものだ。地方のFM局では、独自の番組制作にどうしても制約と限界がある。そこでJFNで制作した番組を配信してもらうわけだ。朝や昼はローカルな地元密着の番組を放送し、夜はJFNやFM東京制作の全国的に人気のあるDJやアーティストによるプログラムを放送するということになる。

そういえば、松本伊代ちゃんが各地域のFM局を訪ねるという企画を『FMステーション』で連載した記憶がある。このように人気アーティストがわざわざ訪ねてきてくれればいいのだが、やはり地方となるとビッグネームを連日出演させるのは難しいので、番組を供給してもらうのはやむをえない。

だが、JFNに加盟しない、すべて独自のプログラムによる民放FM局（独立系と呼ばれる）、FM横浜が八五年十二月に開局する。FM東京、FM群馬に次いで首都圏第三のFM局の誕生である。ここにおいて初めて、FM局同士の実質的な競争がスタートすることになった。

開局当初、FM横浜はじつにフレッシュなイメージだった。「モア・ミュージック、レス・トーク」（おしゃべりは少なく、音楽をより多く）というコンセプトが当たり、おしゃれなFM局としてちょっとしたブームを起こした。英語によるDJ、音楽専門局という打ち出し方など、J－WAVEの先駆的存在だった。ヨコハマのイメージもファッショナブルだった（その数年前にブームになって〝ハマトラ〟と呼ばれた、横浜発のトラッド・ファッションがすでに定番化していた）。

もっともぼくは、このFM横浜開局のときにはたしかステーションに在籍していなかった。じつはこの年の春くらいに、編集部員から総スカンをくって、しばらく『FMステーション』を離れることになったのです。

とにかく、ステーションの部数は上昇に上昇を続け、ついに『週刊FM』と『FM fan』を追い越した。それでも、いくらなんでも『FMレコパル』を抜くのは無理だろうと思っていたら、とうとうそれも上まわってしまった。だから、増長してしまっていたのでしょう。ま、しかたない。ステーションから離れてみると、まるで暴走機関車から飛び降りたようで、フッと憑き物が落ちたようだった。

ちょうどそのころ、ついに発行部数五十万部に達したので（いま思うと信じられない数字ですな）、ダイヤモンド社あげて某ホテルで記念の祝賀パーティを開いた。ボスのスピーチがあり、そのあと編集部員がステージに並んで拍手を受け、ぼくの代わりにカードラから異動したばかりのNさんがあいさつをした。ぼくはすみっこでビールばかり飲んでいた。

「なんでオンちゃんがあいさつしないの？」と広告部のKさんなどは首をかしげていた
けれど、そう言っていただけるだけで私は幸せです。
あいさつが終わったあと、Nさんがぼくに近寄ってきて言った。
「オンゾウさんは本当についてないねえ。売れないときに押しつけられて、売れたらは
ずされて。元気を出してね！　ぼくはワンポイントリリーフだから、またすぐに戻って
来られるよ。きょうはぼくが寿司でもおごろう」
「回転寿司ならいい！」
「そうか。じゃ、また今度にしよう」

この八五年の夏、日航ジャンボ機墜落の大事故があった。飲んで帰るタクシーの中で
ラジオの臨時ニュースが流れ、「乗客の中に歌手の坂本九さんがいた模様です」という
アナウンスのあと読み上げられた乗客名簿に彼の本名があった。じつは、小学生時代は
九ちゃんの大ファンだった。彼の優等生ぶりが痛々しくなって、中学生くらいから敬遠
するようになった（ぼくはあの〝誰にも愛される〟笑顔にもかかわらず、彼は暗い人だ
ったといまでも思っている）。だが、ロックンローラーのように飛行機事故で死んだの
がなぜかとても悲しくて、ずっと無視していたのが彼にすまないような気がした。〝殉
死〟というわけではないが、会社を辞めようかとも思った。
それでもなんとなくグズグズしているうちに、再びステーションに戻ることになり、

それからおよそ二年があっというまに過ぎた。このあいだに、カセットレーベルに折り目を入れたり、アーティスト名を印刷した、はがせばそのままカセットケースにペタッと貼れる「アーチストシール」なる附録をつけたりしたが、五十万部をピークに、さすがに部数は徐々に下り坂となっていった。

そして、八八年にJ－WAVE、NACK5が開局。八九年にbayfmが開局する。

第6章

黄金期の終焉
——すばらしき〝ラジオ・デイズ〟

終わりの始まり

「じつはオンエア曲目を全番組、いっさい発表したくないのです」

新局FMジャパン、愛称J－WAVE（現在は社名もJ－WAVE）の広報担当、Tさんがそう口を開いた。

「そうきたか」とぼくは思った。ほかのFM三誌の編集長各氏も、複雑な表情を浮かべた。八八年の夏の終わり、十月に開局をひかえたFMジャパンのオフィスをFM四誌で訪ねたときのことである。

FM四誌は必要に応じて集まり、会合を持つことになっていた。恒例だったのは、ゴールデンウィークの連休やお盆休み、年末年始の時期など、編集スケジュールが大幅に前倒しになる例の〝魔物〟の季節に、番組の曲目発表を通常より早めてもらうようNHKに頼みに行くことだった。交替でつとめることになっていた幹事が、「そういう事情ですので、何とぞ締め切りを一週間早め、番組内容の発表を××日までにお願い致します」といった四誌連名の依頼書をつくり、NHK広報担当者に面会して「何とぞよろしく」とお願いするのである。

いつものことなのに、担当者は「うーん、難しいねえ」とかなんとかしぶってみせる。まあ、儀式のようなものだ。依頼書という書類を提出させるのも、いかにもお役所的だった。ＦＭ東京ほか民放局は何も言わなくとも番組班と相談して発表を早めてくれる。

それはともかく、このときは開局間近のＦＭジャパンに番組宣伝資料と曲目表の提供を、四誌そろって正式に依頼に出かけたのだった。東京で二番目の民放ＦＭ局、しかもおしゃれで先端的な音楽局として、キース・ヘリングのイラストなどを使用したイメージ広告戦略を展開し、これまで民放一局独占だったＦＭ東京のライバル出現と放送開始前から話題になっていた。

そのＦＭ四誌からの「正式な依頼」に対しての答えが、冒頭の言葉だった。一瞬、とまどったような沈黙のあと、

「しかし、そうなると番組表ができませんね」と幹事役の編集長が代表して言う。

「その代わりのアイディアがあるので、ちょっと見ていただけますか」

自信にあふれ、いかにも敏腕といった感じのＴさんが配った紙には、いまふうのロゴやシンボルマーク、デザイン化されたコラム広告のようなものが何種類もとりどりに印刷されていた。

「これは各番組のロゴと、番組内容を簡潔にまとめた紹介コラムです。これを番組表に並べていただきたい。オンエア曲目は当日になってからリアルタイムで決めます。たとえば都心に雪が降ったとしたら雪にちなんだ曲とか、それをほぼノンストップで流します。曲目紹介もしないことが多くなるので、リスナーからの問い合わせが多くなることが予想されます。そこで、ＦＭ雑誌にはその次の号で曲目を紹介していただきたい」

各誌とも、「それは難しいな」という表情を浮かべていた。

番組ロゴとコラムを並べたのでは、FMジャパンの広報誌と変わらない。しかも二週間まるまる全曲未定で、すべて先週先々週のオンエア曲目だけが掲載されるというのでは、他局の番組表ページとの釣り合いがとれない。しかも、リスナーの問い合わせに応じるために載せるというのでは、まるでFMジャパンの仕事を肩代わりするようなものではないか。少なくともFMジャパンがFM雑誌にあまり重きを置いていないことはたしかだ。

「それから、FMジャパンというのは社名です。通常はJ－WAVEと呼び、表記してください」

とりあえず検討しますということで引き揚げたが、全員が不満であることはFMジャパン、いやJ－WAVEのTさんにもわかったに違いない。その後四誌で話し合い、できる範囲でいいからオンエア曲目を事前に発表してほしい、番組表の体裁はNHK、FM東京と同様にしたい、オンエア後の曲目掲載は各誌の判断で決める、と返事することにした。

J－WAVE側も、意外とすんなり了承した。なんとか番組表としての体裁を保つことはできたが、ぼくはJ－WAVE側の話を聞きながら、「これでFM誌も終わりかもしれないな」とはっきり意識したことを覚えている。他誌の編集長がどう考えたかはわからないが、ぼくがそう思ったくらいだから、多かれ少なかれ各誌とも同じように感じたのではないだろうか。

このあと、埼玉、千葉でも開局がひかえている。創刊号の「東版」の番組表総ページは三十二ページだったが、FM群馬（八五年十月開局）、FM横浜、FM富士（山梨。八八年八月開局。独立系）、FM長野（八八年十月開局）、J－WAVEの番組表が加わってからは六十四ページと、倍になっている。それでも、従来のようにすべての曲目を掲載するスペースはとれない。J－WAVEのページの下段にFM富士を入れ、FM横浜の下にFM長野を入れてなんとか収めているから、みな中途半端になってしまっている。

番組表の総ページ数がふえれば、当然、定価を上げざるをえない。他誌より二十円安い二百円という価格でスタートしたFMステーションも、二百二十円、二百五十円と値上げし、番組表のページ数が創刊時の倍になったこのころは、消費税の導入もあって二百六十円になっていた。

読者には関係のないことだが、本というものは一ページ、二ページとふやすわけにはいかない。用紙の問題があって、無理しても最低四ページ、通常八ページから十六ページ単位でふやさなければならないから、各局に割くページ配分がなかなかうまくいかない。

そのうえ埼玉、千葉の番組表をどうやって押し込むか。しかも、どちらもFM横浜やJ－WAVEと同じく独自編成の強力な局である。ますます中途半端な番組表になってしまう恐れがある。もう民放四局時代のような詳細な番組表を掲載するのは無理ではないのか。J−WAVEのように必ずしも番組表は必要でない、という局も出てくるだろう。CDレンタルの普及もある――。

もうFM誌は終わりではないか、と考えたのはそういう事情からだった。

翌八九年一月に発売された出版業界誌『ラックエース』二月号（東京出版販売刊）に「FM雑誌特集が載った。FM多局化とリスナーの多様化にどう対処するか、という問いかけに、『FMfan』のU編集長は「番組表が厚くなるし、さらに活字媒体としてどう展開していくべきなのか、少々頭の痛い面もあるんです」と正直に答えている。本当に嘘のつけない、いい人でした。ぼくは「（リスナーの）選択の幅が広がるし、局による個性が出しやすくなるのでは？」と〝多局化歓迎派〟としてコメントが紹介されている。われながら、ほんとにウソつき。

そのころ何かの雑誌で、女子大生が数人で『FMステーション』編集部を訪ねて話を聞くという企画があって、その取材依頼を総務部が受けた。いやな予感がしたが、それを耳にしたボスが乗り気になって、自分が応対してインタビューを受けると言い出したので、まかせておいた。取材当日、ぼくは外出していて、その雑誌ができてからざっと読んだところ、案の定、皮肉な調子でボスの〝オジさん〟ぶりをからかっていた（当時、OLたちによる「おじさん改造講座」という某オトナ雑誌の連載が人気で、若い女性がオジさんの言動をからかうのがはやっていたのだ）。ボスは不機嫌だったが自業自得である。

　その記事は「でも、これからますますFM局がふえるというからFM雑誌はとうぶん安泰ね」というような文章で締めくくられていた。

「そうじゃないんだよな……」とぼくはつぶやいた。

〝トレンディ〟な時代のJ-WAVEブーム

　J-WAVEの開局一か月前、編集部で聴いていたFMで「天皇陛下が危篤」という臨時ニュースが流れた。びっくりして聞き耳をたて、「大変だ!」と言ったら、編集部員たちが「どうしてそんなにあせってるんですか? オンゾウさん、もしかして右翼?」と冷ややかに言う。非国民どもめ。

「いいか、もし天皇陛下が突然亡くなってみろ。番組表はおそらくぜんぶ差し替えだぞ。いや放送自体、中止かもしれない。少なくともにぎやかな歌舞音曲は真っ先に中止だ。放送内容はすべて変更、レクイエムばかりが流れる。いまつくっている番組表もプログラムハイライトも土壇場ですべてやり直しということになりかねない」

　そうか!――のんきな編集部員たちもようやく気がついて浮き足立った。

「で、どうしましょう」

「どうするもこうするも、これだけは予測がつかないから、どうしようもない。とにかくニュースに気をつけて、いつもどおり仕事するしかない。覚悟だけはしておくこと」

「なーんだ」

昭和天皇の病状説明に使われた「下血《げけつ》」という言葉は不謹慎なことに流行語になり、実際、テレビではバラエティ番組が差し替えになったり、ＣＭが変更になったりした。

いまでも語り草になっているのは井上陽水が出演していた日産セフィーロのＣＭである。陽水がクルマのウィンドウをあけて視聴者に向かって「お元気ですかぁ？」と語りかけるのだが、このセリフだけがカットされた。陽水はただ口だけ動かして笑いかけることになり、実に不気味だった。いくらなんでもやりすぎではないかと思ったが、世の中は〝自粛ムード〟に包まれた。

そんな状況で開局したにもかかわらず、Ｊ－ＷＡＶＥは一大ブームを起こした。おしゃれで〝トレンディ〟な放送局として若者のあいだでブレイクしたのである。「モア・ミュージック、レス・トーク」路線を推し進め、広報のＴさんが言っていたように、ノンストップで音楽をかける「ＡＺ（エイズィー）－ＷＡＶＥ」という一〇分から一五分の番組を一日に何度もはさみ（ＡＺというのは当時社屋のあった西麻布からきているらしい）、クリス・ペプラー、ジョン・カビラ（彼はＦＭ横浜でデビューしていた）、ルーシー・ケントのようなバイリンガルＤＪがほぼ英語のみで曲を流す。パーソナリティではなく「ナビゲーター」と呼び、演歌や〝ダサイ〟歌謡曲はかけない（アイドルも！）。ただ邦楽でもかっこいい最先端のポップスはオンエアする。それをＪ－ＷＡＶＥでは

「J-ポップ」と呼んでほかの邦楽と区別した。いまでは一般的になった「J-ポップ」という言葉は、このとき生まれている。

だが、思ったとおり、J-WAVEの放送内容はエアチェック向きとはいえなかった。通して録音してみるとノンストップ・ミュージックはまるで有線放送のようであり、またバイリンガルDJの番組にはスピーディな流れがあって、ポーズボタンを駆使して一曲一曲を録音するのはかなり難しいわざだった。エアチェックを拒絶する、まさにリアルタイムで聴くものだった。

ラジオ局がブームになるというのはいまでは考えられないが、このときにはそういうことが起こったのだ。どこかの田舎町が〝トレンディさ〟をアピールするため、東京でJ-WAVEを丸一日分録音してきて観光地で流す、というマンガさえあった。おしゃれ、トレンディこそ新しいFM局のキーワードとなった。ちなみに〝トレンディドラマ〟のハシリといわれる「君の瞳をタイホする!」(←すごいタイトル)「抱きしめたい!」「君が嘘をついた」がこの八八年の作品である。日本はいよいよバブルに突入していたのだ。

FM埼玉、FM千葉は、このへんを意識せざるをえなかった。なにしろ七〇年代後半からタモリが深夜放送で〝地域差別ギャグ〟をはやらせていて、埼玉、千葉はその被差別地域の代表格だった。〝ダサイ〟というのは「だって、さいたま」の略だとも言われ、わざわざ「ださいたま」と呼ぶヤなヤツもいた。タモリは九州出身だから、関東の地域をいくら差別しても平気だったのだろう。それ以前は名古屋差別ネタもやっていた。

そこでFM埼玉は愛称を「NACK5」(ナックファイブ)、FM千葉は「bayfm」(ベイエフエム)とした。「NACK5」は周波数が79・5MHzであるところからきている。正直申し上げてこのセンスはどうかと思ったが、一躍人気局となった。

NACK5はJ-WAVEと反対に、日本のポップス中心、非バイリンガルで聴きやすさ重視、という方向性を打ち出した。あとから考えれば先見の明があったというべきなのだが、AM的な考え方のFM局だった。なにしろFM局として唯一、地元のプロ球団、西武ライオンズの実況中継を行ってもいる。もちろんJリーグが発足してからは浦和レッズの中継も始まった。

〝ベイエリア〟のイメージを連想させる、FMサウンド千葉(当時の名称。現在の社名はベイエフエム)の「bayfm」というネーミングは成功したといえるだろう。開局当初は特定の音楽ジャンルを時間帯ごとに分けて放送していた。そのジャンル分けは、たとえば以下のとおり。

「ロック・クラシックス/ゴールデン・オールディーズ」「コンテンポラリー・ヒット(最新ヒット曲)」「ジャパニーズ・コンテンポラリー」「ブラック/アーバン・コンテンポラリー(ソウル、R&B)」「ビーチ・ミュージック(ボサノバなどラテン系音楽)」「ドライブミュージック(ジャズ、フュージョン)」。

これをbayfmは「ゾーニングプログラム」編成と呼んでいたが、この編成は長続きしなかった。

こうして関東首都圏はＦＭ東京、ＦＭ横浜、Ｊ－ＷＡＶＥ、ＮＡＣＫ５、ｂａｙｆｍ、ＦＭ群馬というそれぞれの個性ある局が競合する一大ＦＭ放送エリアになった。

一方、大阪でも八九年六月にＦＭ８０２が開局し、既存のＦＭ大阪と聴取率を争うことになった。この局名（もちろん周波数80・２MHzから）の呼び方が「エフエムはちまるに」であると聞いたとき、さすが大阪、ちょっと泥くさいが、あえて気どった呼び方を避けたのだなあと感心した。

ところが、開局早々、初めて訪ねたとき、道に迷って「〝ＦＭはちまるに〟はどこですか」とガソリンスタンドで聞いたら、「ああ、ＦＭエイト・オー・ツーやね」とお兄さんに言い直された。若い人はそう呼ぶのかなあ、と思っていたが、すぐに「はちまるに」で定着した。まあ、ジングルやバイリンガルＤＪで「エイト・オー・ツー」と言うことも多いのだそうだが。

とにかく元気な局というイメージがあって、キャッチフレーズは「おしゃれでエネルギッシュでパワフルでファンキー」。ブラック・ミュージックを中心にたちまちナニワの若いモンの心をとらえた。Ｊ－ＷＡＶＥの「ＴＯＫＩＯ ＨＯＴ１００」に対してこちらには「ＯＳＡＫＡＮ ＨＯＴ１００」があって、これは「お盛んホット１００」という意味だとある大阪人から聞いたが、たぶん嘘だ。

ＦＭ８０２も首都圏の新局も活気にあふれ、既存のＦＭ局を圧倒する勢いがあった。

言ってみれば新興勢力は専門店、ＦＭ東京など既存局はなんでも取りそろえたデパートのようなものだった。長く寡占状態にあった既存局は、初めて競争原理を体験することになる。

ちなみに天皇陛下は翌八九年一月七日に崩御されたが、さしたる混乱もなく（番組表もさほど大きな変更もなく）、どの局もクラシック音楽を流してその日（〝Ｘデー〟と呼ばれた）を乗り切った。大喪の礼が行われた二月二十四日も同じくクラシック音楽オンパレードだったと記憶する。

〝オチャメな放送局〟をめざすＴＯＫＹＯ ＦＭの反撃

しばらくのあいだ、失礼ながら既存局はＪ－ＷＡＶＥのブームに振りまわされたといえる。どの局も競ってバイリンガルＤＪを起用し、放送内容も一斉にＪ－ＷＡＶＥに右へならえしたかのようだった。Ｊ－ＷＡＶＥの圧倒的勝利で、いまやＦＭ東京は古くさいというイメージすら生まれた。Ｊ－ＷＡＶＥ広報のＴさんはいよいよ自信にあふれ、応対こそていねいだが、威圧感を増していた。

九〇年二月、ローリング・ストーンズ初来日公演が行われた。ぼくはステージが目と鼻の先の招待席にいた（苦労してチケットを手に入れるファンには、こういうときいつも申し訳ないと思うのですが）。コンサートが始まるやいなや総立ちとなり、いよいよ盛り上がってくると、ぼくの真ん前のオジさんは興奮して、踊りまくりながら「ミック！」「キース！」と叫んでいる。ふと垣間見えたその横顔は、まぎれもなくJ－WAVEのTさんだった。あの冷静なTさんが……。ここは他人のふり見てわがふり直せ、いい年をしてあんな真似はやめようと思っていたが、アンコールでダンサーに導かれステージ前方に出てきた二人を間近に見たとき、ぼくも思わず叫んでいた。「ビル！」「チャーリー！」

ま、それからはJ－WAVEに行ってTさんと会っても威圧されないですむようにはなりました。

ちなみに、ストーンズの来日公演は、あの幻に終わった武道館公演から十八年ぶりに実現したわけだが、それに先立つ八八年にミック・ジャガーの単独来日公演が行われている。ソロとしてのミックはポップス志向が強くておもしろくない。ぼくはレコード会社とのつきあいで観て（苦労してチケットを手に入れるファンには、こういうときいつも申し訳ないと思うのですが）、やはりイライラした。ところが、ストーンズ初来日の年、メンバーのロン・ウッド（ぼくとしてはフェイセズのイメージが強いのだが）は伝説のミュージシャン、ボ・ディドリーとともにソロとしても来日した。こちらは最高だった。音楽マスコミ向けに渋谷のライブハウスでギグがあり、ボ・ディドリーを間近で観られたこともうれしかったが、彼をリスペクトするロンのうれしそうな顔と、二人のギター・バトルも感動的だった。こういうときは、「この仕事をしていてよかった！」

と思う。

余談ついでに、趣味的に画家としても活動するロンは、日本で個展を開いた九〇年代初頭にも単独で来日している。そのとき、「どうして日本でたびたび個展を開くのですか」という質問に対して、「日本のファンがぼくのアートを世界でいちばん理解してくれるからです」と答えながら、親指と人差し指で輪をつくり、（カネだよ、カネ）のしぐさをしてウィンクした。すっかりロンが好きになってしまった。

さて、劣勢に立たされたFM東京はステーションネームを「TOKYO FM（TFM）」に変更するなどのイメージ戦略を展開した。その新たな方向性のお披露目パーティでは、FM東京の人たちに向かって招待客が口々に「横文字にすればいいってものじゃないと思うよ」「TFMなんて、ダサいよ」とひやかしていた。ちょっと立場が弱くなると世間は冷たいものである。いや、ぼくも内心「〈FM〉と〈東京〉をひっくり返しただけじゃなあ」と思っていたのだ。

ところが何事もわからないもので、「TOKYO FM」はみごとに盛り返すのである。それまでは「モア・ミュージック、レス・トーク」と「バイリンガルDJ」の流れに乗るような、乗らないような、どこか迷いがある印象だったが、すっかりふっ切れた（居直った？）ようだった。

TOKYO FMはJ-WAVEの逆をついたのだ。トークを中心に、その合間に曲をかけていく。それも、曲のアタマにトークがかぶさろうが、途中でフェイドアウトしようがおかまいなし。とにかく元気いっぱい、弾けるように番組をすすめていく。「マイ・サウンド・グラフィティ」でディレクターをつとめてくれた林屋章さんによれば、〝おちゃめな放送局〟をめざし、「100%生放送にしようとした」と言い、またこうも言っていた。

「生放送なら、こんな事件があった日にこんな曲をかけるのはよくないとか、こういうナレーションは合わないとか、いろいろ改善できます。だから生でやれば番組は格段によくなる。前日にインタビューしてきたテープを流すにしても、生放送の語り手のしゃべりのなかで録音テープを流せば、よりリアルに伝えられるだろう、と」

林屋さんはすでにTOKYO FMになくてはならない実力者になっていた。

これを要するに、TOKYO FMはJ-WAVEとは逆の「モア・トーク、レス・ミュージック」路線にシフトしたが（TOKYO FMに言わせれば「モア・ミュージック、クオリティトーク・タイムリートーク」なのだそうだが）、その根底には、両者ともに〝生（ライブ）〟という共通の考え方がある。

J-WAVEもエアチェック向きではないが、TOKYO FMもいわば〝脱エアチェック〟の方向に走り始めたのである。そして、それが受けた。TOKYO FMは再び若いリスナーを中心に人気を取り戻した。これはつまり、FM雑誌のあり方をもう一度考え直さなければならない、ということでもある。

後述するが、J-WAVEの後退、TOKYO FM再浮上の背景にはバブルの崩壊と、それにともなうFMのAM化という状況があった。

FM雑誌の凋落《ちょうらく》と困惑

このころだったと思うが、ある日、留守中にA新聞から電話取材の依頼があった、と編集部員から聞かされた。

「なんについての取材？」

「こんど、〈ぴあ〉から音楽誌が出るって話は知ってますよね」

「うん、〈音楽ぴあ〉とかいうんだよな」

「その編集長が若い女性らしいんです。それについて意見を聞きたいんですって」

「なんで女性編集長だからって意見を言わなきゃいけないんだ」

「知るもんですか。電話がまたかかってきますから、そしたら出てくださいね。ナントカいう女性記者の方です」

いやな予感がした。女子大生取材チームのこともある。女性の目でまたオジさんをからかおうというのじゃあるまいな。いや、からかうくらいならいいが、新聞はマジメなだけに怖い。知っている人は知っているが、新聞やテレビの取材というのは初めから筋書きができていて、それについて何を言ってもその筋書きの中にあてはめられてしまう。とくにテレビやA新聞はそうである。やがて電話がかかってきて、身がまえながら、おそるおそる電話に出た。

「新たに創刊される〈ぴあ〉の音楽誌の編集長は二十代の女性ですが」

「はあ」

「どうでしょう。先行誌としては脅威なんじゃありませんか」

「いやまあ、まだどんな雑誌かもわかりませんから、答えようがないですね」

「(脅威だと思っているくせに、とぼけてるな)編集長が若い女性だという点はどうですか」

「編集長が若いというのはいいと思いますが、音楽雑誌をつくるのにべつに男女は関係ないんじゃないでしょうか。『ミュージック・ライフ』だってずっと女性編集長だし
(この人はやはり女性至上主義らしいな、言葉に気をつけなくちゃ)」

「でも、若い女性ならではの感性が生かされた雑誌というのは魅力的だと思いますが
(オジさんがやってる雑誌なんかとは違うんだから)」

「だから、まだ雑誌の発売前で見てもいないんだから何とも言えないんですってば。新しい感覚の新雑誌が出るのは歓迎しますが」

「(落ち目のFM誌だから逃げているんだわ、この人)つまり、女性のつくる新たなライバル誌が出るのは大歓迎、期待している、とこういうことですね」

「いや、まあ、そういうことになりますかね、へどもど」

やがて掲載紙が送られてきたが、そこには「先行誌は、このフレッシュな雑誌に戦々

恐々としているようだ。〈大歓迎です、期待しています〉と口では強気なことを言いながら、不安は隠せない」というような文章が載っていた。なんと答えようが、こう書かれることはわかっていた。かといって電話取材を断ったら「取材拒否をした、よほど怖いらしい」と書かれるだろう。これは一種のイジメである。

だが、ひとつラッキーなことがあった。誌名を間違えて『FMステーション』ではなく『週刊FM』と書いていた（それも大新聞にあるまじきひどい話なのだが）。編集長の個人名は出さず、ただ「『週刊FM』編集長は……」となっている。『週F』編集長のMさんこそいい迷惑で申し訳なかったが、でも助かりました。

この電話インタビューの意図がどこにあったにしろ、そこにFM誌の凋落という背景があったことは否めない。

前出の『ラックエース』八九年二月号から、各誌の編集長の発言をひろってみると、FM誌の困惑が痛いほど伝わってくる。

たとえば『FMfan』は、U編集長によれば「FM情報も載ってる音楽、オーディオ誌という色彩が濃くなって」いる。

『週刊FM』のM編集長は、こう語っている。

「（音楽ファンは）ナレーションが入ったり、（アルバムの）全曲が放送されないFMよりも、LPやCDを買うか借りるほうを選ぶわけですね。あまり勧めたくはないのですが、同じLPやCDをソースにするのなら、FMを介するよりも、直接のほうが音はいいわけです」「（読者が『週F』に求めているのは）やはり新譜やアーティストなどについての、いわゆる音楽情報でしょうね。それと、新曲をいち早くキャッチするための番組情報です」

このコメントのあとに続いて、この記事の筆者（久保隆志氏）は、「要するに、FM及びFM誌は、エアチェックのためではなく、音楽（＝新曲）の情報源になっているのである」と書いている。

オーディオ誌『サウンドレコパル』の編集長を兼任していた「オーディオのプロ」である『FMレコパル』のH編集長は「レコパルも今年で創刊15周年を迎えます。そこで、従来のオーディオ路線をさらに充実させようということで、私にお呼びがかかったというわけです」「私自身、オーディオが大好きなものですから、FM誌の読者である音楽ファンを、一人でも多くオーディオ・ファンに引っ張り込みたいんです。ひと言でいえば、オーディオの楽しさ、広さを知ってほしいんですよ」と、こちらは堂々の〝オーディオ入門誌宣言〟である。

要するに、三誌とも、「もうエアチェックの時代じゃありません」と口をそろえているわけである。ぼくは相変わらずいいかげんなことを言ってお茶をにごしている。

「彼ら（中・高校生）の3大関心事は、マンガとファッション（このころは若い男性のためのファッション誌『Ｂｏｏｎ』や『メンズノンノ』が大人気だったのです）、そして音楽です。これらに興味を持ち、深くのめりこむところから彼らの文化が形成されるのだと思うんですが、その入り口として本誌が機能しているんじゃないでしょうか」

堂々の〝非実力派宣言〟（©森高千里）である。その無内容なぼくの発言に、筆者はやむなくこう続けている。

「もちろん、同誌は〝音楽部門〟の入り口というわけだが、人気記事のひとつが読者投稿欄であり、しかもその内容の大半が音楽とは無関係な〝ダベリ〟だという点に、同誌のFM・音楽誌を超えた特異性が見てとれる」。つまり、もうFM誌とさえいえないと遠まわしに言っているのである。

記事には各誌の表紙の写真が並び、三誌の説明文にはそれぞれ「その歴史がそのままFM放送の歴史ともいえる草分けにして〝正統派〟の『FMfan』」「音楽が専門の出版社だけにアーティストへのこだわり方も徹底している〝うるさ型〟の『週刊FM』」「面白くてタメになるオーディオ記事が人気の『FMレコパル』」という賛辞が並んでいるのに、『FMステーション』の説明は「中・高校生を中心に、小学生の読者も多いFM界の〝ヤング誌〟。なぜか〝FMを聴かない読者〟が20％もいる」。あくまでFM誌と認めてくれていない。

この時期にはすでに週Fは三度目のリニューアルを果たし、ステーションと同サイズに変わっていて、『FMレコパル』もAB判に大型化している。各誌とも試行錯誤していたのである。

番組表のないFM雑誌？

ぼくも『FMステーション』から番組表をはずして大幅なリニューアルをしようと考え始めていた。中途半端な番組表なら、いらないのではないか。CDの新譜紹介と同じような番組紹介ページさえあればいいのではないか。八五年春の五十万部をピークに、さすがに部数は少しずつ下降線をたどっていた。だが、まだそれなりに売れている。いまのうちに、思い切ってCD情報を中心とした一般音楽誌にしてはどうだろう。そうなると「FMステーション」ではおかしいから、たとえば「CDステーション」……うーん、いまいち。「POPステーション」なんかどうかな。うん、とりあえず仮タイトルはこんなものでいこう。

そこで、タイミングを見はからってボスに話をもちかけた。

「えーと、お話があるのですが」

「なんだ」

「こうこうそういうわけで、思い切ってステーションを一般音楽誌にするというのはどうでしょう」

「そうすればまた五十万部売れるのか」

「いや、そりゃ無理でしょう。ですが、このままではジリ貧なのは目に見えています。

リニューアルするならいまのうちです。売れなくなってからリニューアルして成功した雑誌はありません。たぶんないと思います。ないとはいえないかもしれませんが、めったにあるもんじゃありません」

「何をゴチャゴチャ言ってるんだ。どういう雑誌にするって？」

「うーん、そうだ。かつてステーション編集部にいた××君がですね、○○出版で創刊した『××××』という若者向けの音楽誌が、けっこう売れ始めているんです。誌面のつくりは『FMステーション』そのものです。彼はステーションで雑誌づくりを初めて学んだわけですから、当然といえば当然ですね。ほかのやり方を知らないわけだから」

「あたりまえだ、あんなシロートに雑誌づくりができてたまるものか」

「（ひどい言い方をするね）だったら、同じような雑誌をつくれば、こちらのほうが経験も豊富だし、もっとうまくつくれるから、軽く勝てます。たぶん勝てます。勝てないことはないと思いますが、まあ勝てるでしょう。ステーションをもう一度上昇気流にのせるには『××××』と同じ路線に変更するのが手っ取り早いのではないでしょうか」

ボスは少し考えているようだったが、表情は不機嫌そのものだった。

いまやボスの片腕となり、いつもボスのそばにいるTさんが、その表情を読み取って、ぼくに言った。

「オンちゃん！（彼はもともと関西人なので、こういう呼び方をする）もとの部下がやってる雑誌の真似をするなんて、恥ずかしくないの！」

「べつに恥ずかしくないじゃん。だって向こうが真似してるようなものなんだから、ステーションから番組表をはずせば同じようなものになるのはしかたないよ。何さ」

「まあ、少し考えさせろ。番組表をはずすというのは大問題だから、いかにオレでもいいともわるいともすぐに判断はできない。また相談にこい」

〝相乗り〟番組表の画策

結局、ぼくの案は却下された。まだ数十万部売れているものをいじる必要はない、第一、内容が同じなら、FM番組表がある分、ステーションのほうが『××××』より有利じゃないかと言われてしまった。

「オンちゃん！　売れないのを番組表のせいにするなんて、恥ずかしくないの！」

ボスが面と向かってぼくに言いにくいことを言うのがTさんの役割らしい。恐るべきコンビネーションである。こちらもNさんと束になってかからないと勝ち目はない。Nさんは「POPステーション」案に賛成だったが、彼は新雑誌『TVステーション』で忙しかった。

「♪わかってないのねー、ホントにわかってないのねー」

ヤケになって石野真子の「プリティー・プリティー」を聴きながら考えた。ではどうするか。

以前、掌中の珠だったものがモンスターに成長するというのはいかにもSFにありそうな話だが、現実に、かつてFM誌を支えてくれた番組表が、いまや大きな負担になっているのだ。

ふと気づいたのは、四誌にそれぞれ別々の番組表が必要だろうか、ということだった。情報ソースがまったく同じなのに、番組班が四つあって、四種類の番組表をつくるのは不合理ではないか。『ＦＭｆａｎ』のＵ編集長は、「ニュース配信、番組表配信というのが共同通信の仕事だから、ＦＭ番組表をつくるのは一種、社会的使命感のようなものもあった」と言っていた。ＦＭ誌があろうとなかろうと、どのみち共同通信社は新聞などに番組表配信をするのだろう。であれば、共同通信が番組表を一括して制作し、それをほかの三誌に配信すればいいではないか。

以前ならそうはいかなかった。番組表を他誌よりいかに使いやすく、それに附加価値を与えて、他誌とどう差をつけるか工夫しなければならなかった。だが、いまや四誌とも番組表が重荷になっているのだ。四誌で番組表を分かち合えば、単純計算でコストは四分の一になる。さらに、共同通信では番組表制作のＤＴＰ化が進んでいて、ステーションはまだアナログ一辺倒だ。これでは差がつくばかりである。一緒に苦労してきた番組班には申し訳ないが、どのみちこのままでは番組表はなくなってしまうかもしれないのだ。

このアイディアはいけるかもしれない。番組班に裏切り者と言われてもしかたがない。

考えてみる価値はありそうだ。ボスに話してみた。

「オンちゃん！」「恥ずかしくない！」

「うーん、他誌がどう出るかだな。よし、おまえ動いてみろ」

結局、このアイディアも実現しなかった。『ＦＭｆａｎ』のＵ編集長に相談したら、考慮の余地はある、と言ってくれたのだが、たしかその後すぐにＵさんが『ＦＭｆａｎ』を離れ、別の部署に移ってしまったため、内部的な意思統一ができなかったようだ。『週Ｆ』と『レコパル』に話をもちかけるまでには至らなかった。

Ｕさんはすまないと言ってくれて、寿司をごちそうしてくれた。もちろん回転寿司ではない。とても高い店を選んでしまい、ぼくのほうこそいまだに申し訳なく思っている。Ｕさん、すみませんでした、ごちそうさまでした。

ちなみに、その後、ようやくぼくの意見がとおって、番組表をはずすことがいったんは決まったことがある。番組表を制作してくれているプロダクションの社長に会い、「実は……」と話をした。数か月の猶予はありますから、それまでに何か別の仕事を考えましょう、てなことを言って気まずく帰ってきたが、その数日後、ボスが言った。

「気が変わった。番組表は『ＦＭステーション』がなくなるまで続ける！」

いやもう面目丸つぶれだった。

そうこうしているうち、『週刊ＦＭ』が真っ先に休刊してしまった。九一年のことだ。このとき、事情が複雑すぎるので説明は省くが、ぼくはほかの出版社でまったく別の雑誌をやっていた（その後またステーションに戻るのだが）。「とうとう来るべき時が来たか」という思いだった。

『週F』が休刊したのと同じ年に『FMレコパル』から「FM」の二文字が消え『レコパル』と誌名が変わり、番組表はNHK－FMだけになった。続いて九三年にはNHKの番組表もなくなり、隔週刊から月刊に変わった。そして九五年に休刊。

そういえば、リニューアル前の『レコパル』に「『FMステーション』のどの記事が好きですか」という読者アンケートが載ったことがあった。それほど『レコパル』読者と『ステーション』の読者はオーバーラップしていたのだろうか。「『ステーション』の記事なんか知らねえよ」と、『レコパル』読者はいぶかしく思ったのではないか。ぼくは、『ステーション』だってもう下り坂なんだから、こんなアンケートは意味ないのに、と寂しかった。

『レコパル』から番組表がなくなった九三年の十月に発売された季刊『新放送文化』秋号（日本放送出版協会刊）に「FM誌生き残り作戦」と題した記事が載った。そこで『FMｆａｎ』のF編集長はこんな発言をし、「老舗の自信か楽観的だ」と評されている。

「本誌の読者はジックリと音楽を聴きたい、楽しみたいという人が多いので、FMの番組表は簡単には外せませんね」

一方、同じ記事の中で、ぼくは「番組表の重要性は薄れてきた」と言いながら「FM

誌である限り番組表ははずせません」とコメントしている。このときはウソをついているのではなく、「だからFM誌をやめて一般音楽誌にしたいのです」という結論を飲み込んだのである。

英人さんのイラスト打ち切り

こうした環境の変化がFM誌を追い込んでいったことはたしかだが、『FMステーション』の場合、もう一つ痛手があった。あるとき、ボスに呼ばれて行ってみると、開口一番、こう言われた。

「鈴木英人のイラストだけどな、今号でおしまいにしろ」

「は？　いまなんと言われました？」

「英人の表紙はやめろ。すぐ英人にかわるイラストレーターを探してこい」

ボスがいったんこういうことを言い出したら、もう考え直させるのは無理だ。しかし、これがほかのイラストレーターやライター、カメラマンを使うなというのなら「はい、そうします」と答えておいて使い続けるという手もあるが（実際、そうしたことは何度かあった）、なにしろ表紙を変えろというのだからそうはいかない。これは大ごとである。英人さんの表紙といえば『FMステーション』の代名詞だ。「これはボスと英人さんのあいだに何かあったな」と思わざるを得ない。

ボスが突然「あいつを切れ」というのは、何かボスの不興を買うできごとがあったということである。もっとも、ほとんどの場合、たいしたことではない。入院したとき「見舞いに来なかった」とか、オレの親切に対して礼を言わなかったとかいったようなものだ。

英人さんとボスが直接、仕事で接する機会はほとんどなかったのだが、三たびボスのアイディアで『TVステーション』の創刊が決まり、当然、ボスが指揮をとることになった。表紙についても同様だ。ボスが考えたのは、前述のワーナー・ブラザースのキャラクターを英人さんに描かせることだった。

たとえば、手もとにある『FMステーション』に載っている『TVステーション』創刊予告には、英人さんによるこんなイラストが載っている。

丸い時計盤をバックにしたシルベスターのアップ、吹き出しに英文の書き文字、周囲に「WHOMP!」「CRASH!」というアメコミ風効果音の文字、大小の星が描かれている。これはこれでおもしろいのだが、果たしていまやイラスト界の第一人者となり、ブランド力が高まる一方の英人さんに、こういうイラストを頼んでいいものだろうか、という疑問をぼくは抱いた。

記憶があいまいだが、おそらく創刊からしばらくは、英人さんがワーナーのキャラクターを描いたものを『TVステーション』の表紙にしていたのだろう。ボスがよく英人さんをオフィスに呼びつけていたのを覚えている。だがやがて、『TVステーション』

の表紙はべつのイラストレーターに替わった。

ボスに英人さんの表紙打ち切りを命じられたのはそんなときだったから、「もしかしたら英人さんが『TVステーション』を降りると言ったのかな、その関係で何か行き違いがあったのかも」と一瞬思ったが、そんな詮索をしている場合ではない。

「英人さんには、もう打ち切りの話はしたんですか」

「なんでオレが。きみがこれから伝えるに決まってるじゃないか」

「なんでぼくが。いや、あの、それって、もう決定ですか。考え直す気は……あるわけないですよね。でも、ステーションが売れたのは英人さんの功績が大きいと思いますが」

「ばか言ってらあ。さっさと英人をことわって、新しいイラストレーターを見つけてこい」

しかたなく、英人さんに電話して会うことにした。

ぼくの話を聞いて、英人さんは「わかった」と言った。そのあと一緒に飲みに行っていろいろな話をしたが、「ぼくのイラストをやめたら、『FMステーション』は売れなくなりますよ」という英人さんの言葉をよく覚えている。英人さんの自信に、ぼくは「そうだろうなあ」とうなずくしかなかった。

それから、ずいぶんいろいろなイラストレーターの方々に表紙を担当していただいたが、『FMステーション』といえば鈴木英人というイメージがすっかり定着していたから、どうしてもそれに縛られてしまう。「やはり英人さんのようなものがいいんでしょうね」と自ら枠をはめてしまうイラストレーターの方もいて、しばらくは大胆な発想ができなかった。人気イラストレーターのすばらしい作品も表紙を飾ったのだが、雑誌の勢い自体が落ちていたので、何だか申し訳ない思いがした。

ボスに英人さんのあとがまを探せと言われたとき、フッとわたせせいぞうさんが頭に浮かんだが、あまりに急なことなので売れっ子のわたせさんではスケジュールがとれないだろうと思ったし、英人さんの次がわたせさんでは、うまく言えないが何か〝流れ〟がわるいという気がした。あいだに誰かをはさんで、落ち着いたら考えてみようと思っているうちにタイミングを逸してしまった。

『FMステーション』1990年7月23日号
表紙はすでに鈴木英人氏ではなく、定価も260円に上がっている。

本当かどうかはわからないが、あるとき誰かに「わたせさんが『FMステーション』の表紙に関心を持っていたことがある」と聞かされた。本当だとしたら、ちょっと話し合ってみればよかった。惜しいことをした。

AM化するFM局

九〇年代に入ってすぐ、バブルが弾けた。バブル崩壊による不景気は、多局化したFM局にも広告収入の面で大きな影響をおよぼした。広告が激減したのである。バブル期にはJ－WAVEをはじめとするおしゃれなFM局には広告がどんどん入った。広告主にとってはイメージアップの効果があったからだ。だが、不景気になると、考え方もシビアに（つまりケチに）なってきて、同じカネを使うなら、もっと直接的な効果を求めるようになる。言ってみれば、J－WAVEブームもバブルの賜物だった。

広告の数を少なくし、ラジオCMならFMよりも、歴史があり、不特定多数のリスナーがいて、営業力もあるAMのほうに出そうとする。また、音楽専門局は一つの番組の時間枠が長いので相対的に広告料金が高くなるが、番組を細切れにして〝生ワイド〟としたAMのような編成のほうがスポット広告をとりやすい。

オトナの世界は厳しい。かつてはスノッブで、ハイブロウな存在だったFMだが、TOKYO FMの成功もあって、この時期多くの局が営業上の必要からもAM的な方向にシフトし始めたのである。

前出『新放送文化』九三年秋号の特集「開局ラッシュのFMはホントにもうかる？」では、このあたりの事情について各FM局責任者のコメントを紹介している（肩書・所属局はすべて当時のもの。〔　〕内は恩藏の注）。
《「リスナーにとってはAMもFMもない。感性にあったものが選ばれます。……FMの中波〔AM〕化などといわれますがラジオとしてどうなんだということですね。中波がやっていることでも方向性が合えばどんどんやりたい」（エフエム東京・佐藤勝也編成局長）》
《「AM・FM、よくハード特性（技術特性）でメディアの違いを語られますが、そういう時代ではないです。AMもFMもない。いまあらためてソフトが大事、パーソナリティやDJを含めて人が大事だと思っています。……FMもラジオなんだ、もっといえばカルチャーメディアなんだ、という感じです」（FM802栗花落光《つゆりひかる》編成部長）》
《「東京FMやFMジャパンと競争とか、FMの中で考えていたら駄目。今後はAMとの競争になる」（FM埼玉・田中〔秋夫〕編成制作部長）》
　J-WAVEの水野隆司編成部長のみは音楽専門局としての方針は変えない、その「ピュア・コンセプトは堅持する」と言っているが、その水野氏も、「音楽ステーションとしての我々のライバルはパッケージ・メディア。そのライバルとの対比で言うと、しょせん我々はラジオなんですね」と語っている。そして、記事はFM横浜編成報道部の光原映治氏の発言を紹介しながら、こう続けている。
《「以前のFM第2波の開局ブームは、FM＝音楽という枠の中で出てきているんです。しかし横浜FMも開局から8年。音楽ステーションという言い方も、もう十分だな、という気がしている。FM＝音楽ならば、冒険ですがFMという枠も離れて『ラジオ』を作ろう、と思ってるんです」

AM、FMの区別も、聴くものにとってはもう関係ない。だから、〈ラジオ〉。ステーションネームも対応して、10月からヨコハマラジオ、『ハマラジ』にするという。》

この「ハマラジ」という愛称が決まったとき、FM横浜の担当者が編集部にあいさつに訪れたが、そのとき、彼はちょっと恥ずかしそうに言った。

「この〝ハマラジ〟というネーミング、どう思われますか？」

「いやあ、わるくないんじゃないですか。横浜ラジオ、なんて漢字にするともっとレトロでいいと思うなあ（他人《ひと》ごとだと思って無責任である）」

「そうですか……。正直なところ、社内ではけっこう反対が多いんですよ。だいじょうぶかなあ、こんな安っぽいネーミングにして」

つまり、彼は〝反対派〟だったのだろう。その後〝ハマラジ〟はFM局にしては珍しく、愛称変更のテレビCMを流した。昭和三十年代における小林旭《あきら》、宍戸錠、石原裕次郎全盛時代の日活アクション映画のパロディで、横浜の港でパイプをくゆらすマドロス（船乗り）が、悪漢たちを蹴散らして女性を助けるというものだった。おもしろかったが、たしかにFM横浜はどこへ行くつもりだろうと少々心配になった（やはり不評だったのか、その二年後には「Ｆｍ ｙｏｋｏｈａｍａ」に再び変更された）。

AMでもステレオ放送が行われるようになったこともあり、こうしてFMとAMに大きな違いはなくなった。もちろんそれは従来と比べての話で、FMに音楽局という特色がまったく失われたわけではない。しかし、かつて「FMステーション」を「AMステーション」にするつもりかと非難されたぼくにしても、民放FM局のパーソナリティのけたたましいおしゃべりには辟易して（年齢のせいも、もちろんあるだろうが）、このころにはNHK－FMをもっぱら聴くようになっていた。

こういう状況の中でますますエアチェック離れが進み、かつ番組表の重要度がうすれていったといえる。

天下の某レコード会社の暴言

じつは、ステーションの末期に、もう音楽雑誌自体にいやけがさしていたことも言っておかねばならないだろう。

創刊したばかりのころ、売れているアーティストがなかなか取材に応じてくれなかったことはお話ししたが、いまでは大物といわれているフォーク系シンガーが、当時なぜかあまりマスコミに相手にされていなくて（傍若無人のふるまいは有名だったが、それだけが理由ではなかったと思う）、ステーションのオファーにすぐ応じてくれたので喜んでいたが、原稿を事前に読みたいと言ってきた。深く考えもせずにゲラを見せたら、赤字で真っ赤に書き直して戻ってきた。原形をまったくとどめていない。自分の発言もほとんど変えてあった。

「こんなに直すんだったら、初めから自分で書けよな！」と心の中で思わず毒づいたが、いま考えてみれば、あれは本人ではなく、事務所の誰かが全面的に書き換えたのだろう。

とはいえ、この件は、まだこのころは例外と言ってよかった。だが、ある時期からアーティストや事務所の〝検閲〟はあたりまえのことになった。

その最初のできごととしていまでも思い出すのは八三年、いまや日本の国民的バンドが自分たちのレーベルを設立したときのことだ。ベーシストがバンドの代表としてインタビューを受けてくれて、その最後のページに自主レーベル設立のニュースを付け加えた。あとは印刷に回すだけ、という段階になって、所属事務所の女性が訪ねてきた。

なんだろうと思って会ってみると、新入社員と思われる若い人で、なんだか思いつめたような顔をしている。そして、ベーシストのインタビュー原稿をチェックさせてほしい、と言う。

「なぜでしょうか。よほどのことがない限り、事前に原稿を見せるようなことはしていませんが。理由を聞かせてください」と言っても、深刻な顔をして、ただ原稿を見せていただきたいのです、と繰り返すばかりだった。いまにも泣きそうで、はたから見ると、ぼくが若い女の子をいじめているようにしか思えないだろう。

「申し訳ありませんが、お見せするわけにはいきません。どうしてもというなら、残念ですが、このインタビュー・ページは没にするしかありません。掲載はしません。それでもいいのですか」と言うと、「しかたありません」とうつむいたまま小さな声で答えて帰っていった。

「おーい、巻頭ページが飛んだ！　代わりの企画をこれから考えるぞ！」

このときのことはいま考えても不思議でしょうがない。ふだんはそんな無理を言ってくるアーティストではないし、もしかしたら複雑な内部事情があったのかもしれないが、それならしかるべき立場の人間が交渉に来るべきで、いかにも思いつめたようなかよわい若手をよこすべきではないだろう。

ともあれ、このときはまだ、アーティストに事前に原稿をチェックさせることはしない、という雑誌の基本姿勢が認められていたわけである。もちろん必要があれば見せるのにやぶさかではないし、内容の確認をしてもらわなければならないことも出てくるだろう。そこらへんは、まぁ呼吸である。

ところが、前述したように一時期『FMステーション』をはずされて、その後再び戻ってきたときには、アーティストによる写真チェック、原稿チェックはあたりまえになっていた。というより、そうしていただくのが前提となっていて、ぼくはとても不満だった。『FMステーション』に限らず、それが音楽誌の通例になったのである。ジャーナリズムも何もあったものではない。

後年になるほどそれが露骨になっていって、Gという超人気ロック・バンドの事務所など、色校の段階になって「この文章は削れ、書き換えろ」と指示してきた。

また、何百万枚というアルバム・セールスを記録した女性ボーカルをメインにしたグループは「文章中の（笑）というのはつまらないから☺にしなさい」と言ってきた。カチンときて、このグループのインタビューは二度とやらない、と宣言したが、なにしろ日本を代表する人気グループである。やがてニュー・アルバムを出すからインタビューをさせてやる、と言うのを断ったときにはレコード会社は首をかしげて、なんだか偉い立場のキチンとネクタイをしめたお二人が編集部を訪ねてきた。「なぜこんないい話をことわるのか」と丁重に聞かれたので困ったが、内容に注文が多すぎるから、うちの雑誌には向かないようです、と答えた。

とても紳士的な方々だったから不愉快な思いはしなかったし、むしろ、こっちが駄々をこねているだけのような気さえした。すでに業界では「原稿に文句をつけるな。雑誌の自主性を侵害するな」という言い分が理解できなくなっていたようだ。お二人は不思議そうな顔で引き揚げていった。

まあ、微笑ましいケースもあって、三人組のある人気グループは、ひとりビジュアル系のギタリスト（仮にT氏）だけが写真をチェックしたがる。ほかの二人はT氏におまかせである。戻ってきたポジを見ると、T氏は自分の表情だけをチェックして、自分がよく写っているものだけを選ぶものだから、ほかの二人が目をつぶっていたり、あくびをしていたりするものにまでマル印がついている。それでもこの三人は仲がいいし、T氏も憎めない。文章については編集部に完全におまかせだった。

やがて、決定的な事件があった。

Xレコードから、女性編集部員に、Sという女性シンガーの記事の件で何度も「ご来社ありたし」という電話がかかってきたが、彼女は電話にも出ようとしないし、もちろん出かけようともしない。理由をたずねたら、Sの記事にこれこれこういうクレームをつけてきた、行けば一室に閉じ込められて責められるだけだから、と答える。ぼくは「おおげさだなあ、まさか、そこまではしないだろう」と笑い、もう夜になっていたが、軽い気持ちで代わりに行ってやることにした。

担当者は丁重に迎えてくれたが、小さな会議室に通され、もう一人、同系列のマネージメント会社の人間（Sのマネージャー）がやって来ると、彼らはたしかに鍵をかけた。ステーションに掲載された、何組かが出演したイベントの記事に、まるでSがほかの出演者を軽視しているような記述がある、ついては、ここで謝罪したうえ、さらに謝罪記事を出してほしいというのである。ムッとして、「ぼくは相談に来たのであって、謝りに来たのではない」と言ったら、二人が同時に椅子を蹴って立ち上がり、「なんだと！謝れ！」とどなり始めた。

ステーションの女性編集部員が言っていたことはおおげさではなかった。ということは、彼女はこれまで黙っていただけで、何度かこういう目にあったということにほかならない。部屋に鍵をかけて女性を閉じ込めたら、それは立派な犯罪である。日本を代表する世界の大企業の系列レコード会社がすることだろうか。

そして、マネージャーが決定的なひと言を放った。

「おまえら音楽誌は、おれたちに言われたとおりの記事を書いてりゃいいんだ！」

これが少なくともXレコードの本音なのだ。

ぼくだって、一見弱っちそうに見えるが（そして本当に弱っちいのだが）、こう見えてカードラ時代にはあのドラマ「××警察」のI軍団のマネージャーとわたりあったことだってあるんだ。この場をどう切り抜けたかはくだくだしくなるので省くが、このときに、もうメジャーな音楽誌に対する情熱は失せたといっていい。アーティストを守ろうとする気持ちはよくわかるが、あれはレコード会社がたとえ心の中で思っていたにしても、口に出してはいけない言葉だったと思う。

思い出のアーティストたち

もちろん、紳士的な事務所やレコード会社もあるし、何よりほとんどの場合、アーティスト自身に問題があるわけではない。いやそれどころか、アーティスト自身に対してはむしろいい思い出のほうが多い。

前述のXレコードのSという女性シンガーは、インタビュー後、彼女が身につけていたおもちゃのブレスレットを記念にくれたくらいだ。

楽しかったのは、人気絶頂期の大江千里さんにインタビューしたとき、同姓の女性編集者がその場にいて、カメラマンが機材を指さして「大江さん、ちょっとそれとって!」と言ったら、大江千里さんがあわてて立ち上がり、「はいはい」とその機材をとりに行ってくれたことだ。あとで、みんなで「大江千里さんはいい人だなあ」とほのぼのしたものだ。

ある大物演歌歌手は、取材中にお茶をこぼしてしまい、それが編集者の膝にかかったのを見て、「あっ、すみません! だいじょうぶですか!」とポケットからハンカチを出し、編集者のズボンを自分で拭いた。彼はいろいろ悪口を言われることもあるが、その一事でまじめな人であることがわかる。

小室哲哉氏も、問題を起こしてしまったが、巻頭企画が急に飛んでしまい困っていたときに急遽インタビューに応じてくれたことが何度かある。財界人の前で講演するような時代の寵児になる前ではあるが、すでに大スターだったにもかかわらず、「ぼくでよければ、時間がないなら、これから行きますよ」という感じで、編集部の近くの場所まで気軽に来てくれた。

海外のスターでは、八四年にアルバム『レックレス』を世界的に大ヒットさせたブライアン・アダムスが思い出深い。彼はその前年、アルバム『カッツ・ライク・ア・ナイフ』のプロモーションのため来日した際、取材を受けるためFMステーション編集部を訪れた。ちょうど昼どきだったので、編集部員がよく行く近くの店で定食をごちそうすると、箸を上手に使いながら喜んで食べてくれた。ごく普通の気さくな青年だった〝アダちゃん〟が世界のスーパースターになったときはちょっと不思議な気がしたものだった。

下北沢のなじみの寿司屋にたまたま人気ドラマーのJさんがいて、ちょっとなれなれしく声をかけたものだから、だいぶ酔っていたマネージャーさんに「『FMステーション』がなんだ!」とどなられた。このときはJさんがとりなしてくれた。

マネージャーさんといえば、友人と飲み屋に入ったとき、女性ロッカーのマネージャーさんがぼくらの席に来て、「その節はお世話になりました!」と直立不動で頭を下げられたことがある。「こちらこそ。いや、あのお互いプライベートで飲んでいるのですから、あまり気を遣わないようにしましょう」と答えると、また礼をして自分の席に戻っていった。本当に真面目なマネージャーさんだった。

サニーデイ・サービスのメンバーと居酒屋で相席になり、いつのまにか一緒に飲んでいたこともある(飲んでばっかり)。たしか、隣の席にベースの田中貴さんがいて音楽の話をしていたので、それと気づかずに話しかけたのだが、何人か向こうにギターとボーカルの曽我部恵一さんがいた。二人の顔を見比べて、ようやくサニーデイであることに気がついた。ぼくらのグループのほうが後から店を出て、駅へ向かう途中、夜道で仲間と立ち話をしている曽我部さんにまた行き会って、あいさつを交わしたことをなぜかよく覚えている。

これには後日談があって、彼らが出演したFM番組を聴いていたら、「このあいだ、飲み屋にやたら音楽にくわしいオジさんがいて、一緒に飲んだらFMステーションの編集長だった」という話をした。パーソナリティの方が、「あの人、ふだんは無口だけど、酔っ払うとすごくおしゃべりなんですよね」と言った。思わず椅子からズリ落ちそうになった。

Hというグループのリーダー、Mさんはよくも悪くもエキセントリックな人で、ソロ活動も行っていたが、あるとき、まだグループが存続しているにもかかわらず、「元Hにいた」というステーションの記事に怒って自ら編集部に猛抗議に来たことがある。これはまったくこちらのミスなので謝罪したうえ、グループとしてもう一度取り上げることで許してもらったが、それでかえって友好関係ができ、彼の結婚式にも呼んでもらった。

こういう話をし始めると切りがない。ほかにも、モダンチョキチョキズの矢倉邦晃氏をはじめ、いろいろ楽しくつきあってくれたアーティストはいるが、きわめつきはムッシュかまやつ氏である。

インタビュー中、話の流れでつい、スパイダース時代の「夕陽が泣いている」とソロになってからの「我が良き友よ」はかまやつさんらしくない、ファンはあの歌でがっかりした、と批判めいたことを言ってしまった。にもかかわらず、インタビューが終わったあと、「もしこのあと時間があいていたら、プライベートでお話ししませんか」と誘ってくれて、いろいろ興味深い話を聞かせてくれた。そっちのほうが、ぼくのつまらないインタビューよりずっとおもしろかった。その後、だいぶたってからのことだが、かまやつさんに「会社を辞めたい」と相談して諭されたことさえある。ミュージシャンとしても、人間としても本当にすばらしい人だと思う。

こうした楽しい思い出は、『FMステーション』に在籍したからこそのものだ。

すばらしき〝ラジオ・デイズ〟

雑誌は生きものだとはよくいわれることだが、本当にそうだ。FM放送開始とともに誕生したFM誌は、エアチェック・ブームの終焉とともに役割を終えたのである。『FMステーション』が休刊したのは一九九八年の三月。最後まで残っていた『FM fan』も二〇〇一年に休刊した。同誌は三十五年もつづいたが、ちょうど音楽を取り巻く環境が変わり始めたときに創刊した最後発のステーションも十七年近くつづいたことになる。

ある年代の人にとっては夢のような〝ラジオ・デイズ〟に少しでもかかわれたことは幸運だった。

「『FMステーション』、読んでました！」と懐かしそうに言う人もいれば、「『FMステーション』好きだったけど、こんな人がやっていたのか。がっかり」と言う失礼な人にもときどき会う。

某ラジオ局の人に、「『ＦＭステーション』のおかげでラジオが好きになって、ラジオ局に入りました。お会いできて光栄です」と言われたときには、ちょっと面映ゆかった。ましてステーションよりずっと長くつづいた『ＦＭｆａｎ』、『週刊ＦＭ』、『ＦＭレコパル』の読者には、その影響を受けた人、その時代を懐かしむ人が多いだろう。

いまネットからダウンロードして音楽を聴いている若い人のことはよくわからないが、ＦＭからエアチェックしていた当時の若いリスナーは、たしかにすばらしい時を過ごしていたのではないかと思う。

ラジオからふと流れてくる音楽には、自分でＣＤなりレコードをかけて聴くのとはまたべつのよさがある。自ら意図的に聴くのとは違って、深夜にドライブしているとき、あるいは部屋でボーッとしているときに、突然流れてきた曲に、それがＣＤでいつも聴いているものであっても、新たな感動を覚えることがある。それは思いもよらない時間と場所で不意打ちされることによって起こる。高校生時代、すでに何度も聴いているビートルズの「イン・マイ・ライフ」のイントロが深夜、ラジオから不意に流れてきたときに受けた感動は、いまだによく覚えている。

ＦＭの聴き方は変わったかもしれないし、音楽の入手方法も変わったかもしれないが、ラジオがいまだに重要な音楽メディアの一つであることはたしかだと思う。

少なくとも、「ビデオがラジオ・スターを殺す」ことはなかった。

あとがき——FM雑誌の読者に花束を

『マイペース二等兵』というアメリカのTV映画が、一九六〇年代に日本でも放映されていました。のんきな二等兵と鬼軍曹が織りなすコメディで、そのなかに忘れられない一編があります。

朝鮮戦争（！）の戦友が久しぶりに軍曹殿を訪ねてくることになり、軍曹殿は、彼の命を戦場で救ってやった思い出話をしますが、主人公の二等兵がその戦友を迎えに行くと、彼もまた、軍曹の命を救った思い出を懐かしそうに語り始めます。困った主人公は、二人が再会したときに、その話が出そうになるとあわてて話をそらそうとする。——こういう話は現実にかなりありそうです。というより、実際にこれと同じ体験をしたことがぼくにも何度かあります。

この本でお話ししたことにも、似たようなことがあるかもしれません。これはぼくから見たFM雑誌の時代の話なので、語る人によってはまったくべつのストーリーになる可能性があります。調べられることはできるだけ資料にあたって正確を期したつもりですが、それでも多くの場合、やはり自分のことを語らざるを得なくなりました。これはとても気恥ずかしいことでした。できれば内緒にしておきたいこともあったし、山本夏彦氏の「人、みな飾って言う」という名言を思い出して、ときには冷や汗が出そうになりました。

『FMステーション』が成功したのは誰か特定の人の力ではなく、それに携わった多くの人たちのおかげであることを最後に言っておかねばならず、それらの方々に対して失礼な言い方をしたり、ギャグにしてしまったりしたことを謝らなければなりません。また、『FMｆａｎ』『週刊FM』『FMレコパル』三誌について外部から無責任な発言をしたかもしれません。そして無断で実名をあげた方々、それにステーションへの投稿を勝手に使わせていただいた読者の方々。これらすべての方々に、この場を借りてお詫びしたいと思います。

できれば「これはフィクションであり、登場する人物・団体名は実在のものではありません」と言い捨てて逃げ出したいくらいなものですが、そうもいきません。ここには書けないこともありましたし、五％くらいはギャグにまぎらわした部分もありますが、これはぼくにとっての〝ホントの話〟であり、当然ながら、文責はすべて著者にあります。

この本を企画してくださった木杳舎《もくようしや》の田中信幸さん、内藤丈志さん、そして出版を引き受けていただいた河出書房新社の小野寺優さんに感謝。木杳舎はかつて『週刊FM』の番組表を制作していた会社で、『週F』休刊後には、ぼくが携わっていた雑誌でお世話になったこともあります。
最後に、かつてＦＭ雑誌の読者だった方々に、あらためて感謝の言葉を。
ありがとうございました。

二〇〇九年八月

十二年後の追記

今回の文庫化にあたり、次の皆様に、どうしてもお礼を言わなくてはなりません。

文庫化のきっかけをつくってくださった、私の最も敬愛する現代作家にして名探偵、北村薫先生。また先生には、何十年も謎のままだった私の疑問に美しい答えを与えていただきました。感謝の言葉もありません。

鈴木英人さん、まさか自分の本の表紙を飾っていただく日がくるとは思ってもみませんでした。光栄です。

そして曽我部恵一さん。サニーデイ・サービスがデビューしたときは、七〇年代のロック魂（スピリッツ）が新たな肉体を得て現世に転生したとしか思えませんでした。あれから十六年。まさか文章でコラボレートしていただけるとは。これまた望外の喜びです。

そして、河出書房新社編集部の岩﨑奈菜さん。皆様に、心よりお礼申し上げます。

二〇二一年八月

恩藏　茂

［協力］（順不同）
ソニー株式会社、ナカミチ販売株式会社、イメーション株式会社、三洋電機株式会社、パイオニア株式会社、日本ビクター株式会社、共同通信社、音楽之友社、ダイヤモンド社、小学館、
ＴＯＫＹＯ ＦＭ

解説

曽我部恵一

大学進学で上京するまで、香川県で育った。さいしょ地元にはFM局はひとつ、NHK－FMだけだった。小学校高学年頃には、深夜のAM放送を聴き始めた。夜更かししては、谷村新司や笑福亭鶴光の「ヤングタウン」なんかをぼけーっと聴いていた。小学校までは音楽に特別興味がなかったぼくは、中学一年で洋楽に出会った。ぼくが通った隣の市の私立中学にはロックをはじめ洋楽を聴く者がいて、ぼくも感化され、当時アメリカのヒットチャートに入っていた音楽を聴き始めた。マドンナやプリンス、ブルース・スプリングスティーンなどなど。と同時に親に「英会話の練習をしたい」と言ってラジカセを買ってもらった。シングルカセット（当時はダブルカセットなんて持ってるやつはほとんどいなかった）の、赤いサンヨーのラジカセだった。それがぼくの最初のステレオ装置で、英会話が聞こえてくることは少なかったけど、家にいる間じゅう、音楽を流してくれた。一九八四年のことだ。

聴くラジオはいつの間にかAMからFMへと変わっていた。当時、新品のLPは二千八百円くらいして、ひと月の小遣いが三千円の中学生には、なかなか手の届かないものだった。音楽をもっともっと聴きたい、しかしレコードは高くて買えない。そんな欲求不満を解消してくれたのが、FMラジオだった。FMには音楽番組があふれていた。本文中にも出てくる「サウンドストリート」は月曜日から金曜日まで必ず聴くようにしていた。山下達郎、坂本龍一、佐野元春、甲斐よしひろ、渋谷陽一。彼らが独自の切り口で語る音楽は、ロックという文化に足を踏み入れたばかりの中学生にはとてもとても刺激的だった。彼らはロックを文学として、哲学として、社会現象として捉えていた。

そして深夜（といっても二十三時台だが）の「クロスオーバーイレブン」。「もうすぐ、時計の針は十二時を回ろうとしています。今日と明日が出会う時、クロスオーバーイレブン……」。渋いナレーションで始まるこの番組を一日の終わりに聴いていると、大人になったような気がした。ヒットチャートものとは違う洗練された音楽が流れ、合間に何気ないストーリーがゆったりと朗読されるこの番組は、なんだかこの先自分が体験していくことになるであろう未知の素晴らしい世界を垣間見せてくれた。ちなみにこの番組のオープニングテーマになっていたのが、ブラジルのクロスオーヴァーな名グループ・アジムスの「Fly Over The Horizon（Vôo Sobre O Horizonte）」で、今も大好きな曲だが、その曲を聴くと、ベッドに潜り込んで「クロスオーバーイレブン」を聴いていたあの時間にタイムスリップしてしまう。あの匂い、あの浮遊する感覚。

FMにはアルバムをまるっと一枚かけてくれる番組もあったし、ある音楽スタイルやジャンルをたっぷり時間を使って特集する番組も多くあった。気になるものは、片っ端からエアチェックした。例えばぼくはNHK-FMで流された「1960年代サイケデリック音楽特集」というのをエアチェックし、そのカセットテープを擦り切れるほど聴いた。そこには今の自分の音楽にも大きなインスピレーションをくれたエレクトリック・ブルーンズやファイヴ・アメリカンズ、チョコレート・ウォッチ・バンドといったマニアックなガレージバンドたちの音が詰まっていた。本書にも触れられていたが当時はアーティストのライブをオンエアする番組もたくさんあって、ぼくもストリート・スライダーズのライブをエアチェックし、ざらついたロックが聴きたい夜にはそのテープを繰り返し再生した。

今やエアチェックと言っても通じない人もいるだろうが、エアチェックこそは、一九八〇年代のひとつの音楽リスニング方法だったのだ。Wikipediaを引いてみる。「エアチェックは、テレビ・ラジオの放送番組を録画・録音して楽しむこと、またその録画・録音した媒体の意味で使われる言葉。音質においてはAM放送よりもFM放送のほうが優れているので、エアチェックの対象はFM放送となることが多かった」。そして、本書の主役『FMステーション』をはじめFM雑誌というものは、いつ、どんな曲が、どの放送局で流れるかを知るために、必要不可欠なメディアだったのだ。FM雑誌を片手に、ラジカセを録音スタンバイにして待機するエアチェック軍団が全国各地に無数にいたはずである。そう、もちろんぼくもその一人であった。

そんなわけで小遣いの少ない中学生でも、FMラジオでたくさんの音楽に触れ、エアチェックをすればそれを所有することさえできた。ただし、カセットのやりくりは大変だった。カセットテープもある程度の値段がするもので、新品をどんどん買うこともできず、もうそれほど聴かないであろうカセットには、上から別のものを録音していた。それこそ毎週のようにＦＭ雑誌の番組表と部屋にある録音済みのカセットを見比べては天秤にかけ、悶々としていた。本書を読んで、ぼくが読み始めた時（一九八四年頃）の『ＦＭステーション』は、一九八三年に廃刊の危機を迎え、それを乗り越えた直後だったことを知り、驚いた。ぼくやぼくのまわりの友人たちにとっては買うなら『ＦＭステーション』のほぼ一択だったから。

ＦＭ雑誌は他にもたくさんあった。本書にはそれらの棲み分けについて、詳しく書かれている。そして、売れない後続誌だった『ＦＭステーション』がとった戦略についても。その戦略に進んではまっていったのが、当時の中学生のぼくだったのだ。何を差し置いても魅力だったのが、その大判の表紙に描かれた鈴木英人の絵。当時、鈴木英人の絵が放っていたとてつもない魅力を、現代の若い人に説明できるだろうか。その絵は、海外旅行などしたこともない田舎の中学生に、問答無用にアメリカへの憧れを抱かせ、勝手なアメリカ像を描かせた。海岸沿いを走るアメ車、ヤシの木とフラミンゴとネオンサイン……そんな風景を想像し、そこにまあ、何というか中学生なりの「自由」を重ね合わせていた（本書で触れられたことで思い出したのだが、中学の英語の教科書の表紙も鈴木英人の絵だった）。加えて魅力的だったのは、カセットインデックスだ。本書の示す通り、ぼくらもみんなそれを切り取って実地に使った。そもそもカセットテープにデフォルトでついているインデックスは、何とも業務的なデザインだ（今となればそれがおしゃれなのだが）。お気に入りのエアチェックテープは、最高にクールなカセットインデックスとともにケースにしまっておきたい。そんな欲求に鈴木英人のイラストのインデックスは見事に応えてくれた。これも、ぼくらが『FMステーション』を手に取る理由であった。もちろん一号には数本ぶんのインデックスしかついていないので、どのテープにインデックスを使うかが悩ましかったのは言うまでもない。『FMステーション』はそんなふうに、切り取られ、マーカーで線を引かれ、隅々まで「使われて」いたのだ。

『FMステーション』はミュージシャンのインタビューや特集もしっかり載った音楽雑誌でもあった。当時、ぼくが他に購入していた音楽雑誌は、パンク寄りの『DOLL』、欧米のロック中心の『ロッキング・オン』、そして幅広い大衆音楽全般を論じる『ミュージック・マガジン』、そして『FMステーション』。こうして並べると、『FMステーション』にぼくが託した役割がわかる。音楽を「理解する」ためのその他音楽誌と、音楽を実際に「聴く」ための『FMステーション』。もっと言うと、他音楽誌で知り興味を抱いた音楽がいつラジオでかかるのかを調べるための『FMステーション』。こんなことを書くと、そこに上下関係があるように思われるかもしれないが、そんなことはまったくなく、自然な調和だけがあった。

すこし時間がたって、貸しレコード屋が台頭してくる。エアチェックに加え、レンタル・レコードも、ぼくら自由に使えるお金が少ない少年たちの味方になった。レコードのダビングを自重させるような表記がレコードに載り始めたのもその頃からだろうか。ぼくらはまったく気にもせず、ダビングしまくった。今思えば、アナログ文化には歴然とヒエラルキーが存在していて、それが揺らぐことはなかった。レコードが何よりも上で、エアチェックしたり、借りてきたレコードをテープにダビングした時点で音質が劣化することは誰もが承知していた。レコードこそが唯一のオリジナルだった。実質的に同一のものが複製できてしまうCDというメディアの登場によって、この幸せなコピー文化は徐々に分が悪いものとなるわけだが、第6章で綴られる〈時代の終焉〉も、決して一つの原因で起きることではなく、無数の事象が絡み合いながら、その姿を変容させていくものだと思う。時代はいつもそんなふうにグラデーションを描きながら変化していく。そうであってほしい。

この本の素敵さは、そんなFM放送やエアチェックが若者の音楽シーンの中心にあったような時代を振り返り、そのまだ純朴な音楽愛にぼくたちがもう一度気づいたりするところにある。と同時に、今やもう終焉を迎えつつあるといってもいいだろう〈音楽専門雑誌〉というフィジカルメディアが花形だった時代の音楽誌編集部奮闘記としても、おもしろい。ぼくらミュージシャンも頭を悩ませ続けた、雑誌と広告と記事の関係。その辺りのせめぎ合いが、編集部サイドから語られる。終盤に出てくるレコード会社・事務所から編集部に対する厳しい検閲の話や、『FMステーション』の顔ともいうべき鈴木英人さんのイラスト打ち切りの時のエピソードなど、読んでいて苦しくなってしまうほどのリアリティーがある。しかし基本のトーンは、おもしろ編集長と個性あふれる編集部の人々との青春記であり、昭和の会社ものの大衆小説を読んでいるような、ほんのりとやわらかい風情の語り口を持つ。また、爽やかで時に厳しい時代という風に翻弄される主人公の姿を、さらりと描き上げる。そこには、業界や情報を超えたところにある音楽愛が輝き、そのことがページをめくる手を止めさせないのだろう。そしてそして、ぼくにとって大きなお土産のようなエピソードも出てくる。二五八ページにもう一度戻ってほしい、ぼくのやっているバンド、サニーデイ・サービスは著者の恩藏さんと居酒屋で邂逅していた（気づいたら一緒に飲んでたとは、いかにも当時のぼくららしい）。その夜の細部をしっかり覚えているほど上品な飲み方をしていなかったことが悔やまれるが、「『FMステーション』読んでました！」「インデックス切り抜いて、マーカーも引いてました!!」と、ぼくがまくし立てたのは間違いないだろう。

音楽を好きになったばかりのぼくに大きな扉を開いてくれた『FMステーション』という雑誌の編集長を務めた人と、やっと音楽で飯を食えるようになったぼくらが出会ったこと。その人の書いた本の解説を、そんなぼくが今、担当させてもらえること。これを最高に素晴らしい縁と言わずに、何と言おうか。

（そかべ・けいいち　ミュージシャン）

本書は二〇〇九年に河出書房新社から刊行された『FM雑誌と僕らの80年代――『FMステーション』青春記』を改題の上、文庫化したものです。

『FMステーション』とエアチェックの80年代《ねんだい》
僕《ぼく》らの音楽青春記《おんがくせいしゅんき》

二〇二一年九月一〇日　初版印刷
二〇二一年九月二〇日　初版発行

著　者　恩藏茂《おんぞうしげる》
発行者　小野寺優
発行所　株式会社河出書房新社
〒一五一-〇〇五一
東京都渋谷区千駄ヶ谷二-三二-二
電話〇三-三四〇四-八六一一（編集）
〇三-三四〇四-一二〇一（営業）
https://www.kawade.co.jp/

ロゴ・表紙デザイン　粟津潔
本文フォーマット　佐々木暁
印刷・製本　中央精版印刷株式会社

Printed in Japan　ISBN978-4-309-41838-4

服は何故音楽を必要とするのか?

菊地成孔　41192-7

パリ、ミラノ、トウキョウのファッション・ショーを、各メゾンのショーで流れる音楽＝「ウォーキング・ミュージック」の観点から構造分析する、まったく新しいファッション批評。文庫化に際し増補。

ユングのサウンドトラック

菊地成孔　41403-4

気鋭のジャズ・ミュージシャンによる映画と映画音楽批評集。すべての松本人志映画作品の批評を試みるほか、町山智浩氏との論争の発端となった「セッション」評までを収録したディレクターズカット決定版！

ビートルズ原論

和久井光司　41169-9

ビートルズ、デビュー50周年！　イギリスの片隅の若者たちが全世界で愛されるグループになり得た理由とは。音楽と文化を一変させた彼らの全てを紐解く探究書。カバーは浦沢直樹の描き下ろし！

増補完全版　ビートルズ　上

ハンター・デイヴィス　小笠原豊樹／中田耕治〔訳〕　46335-3

ビートルズの全面的な協力のもと、彼らと関係者に直接取材して書かれた唯一の評伝。どんな子どもで、どうやってバンド活動を始め、いかに成功したか。長い序文と詳細な附録をつけた完全版！

増補完全版　ビートルズ　下

ハンター・デイヴィス　小笠原豊樹／中田耕治〔訳〕　46336-0

世界中を魅了し、今なお愛され続けるビートルズ。歴史を変えたバンドの一生を詳細に追う。友人として四人と長くつきあってきた著者だからこそ知りえたビートルズの素顔を伝えた大傑作！

聴いておきたい　クラシック音楽50の名曲

中川右介　41233-7

クラシック音楽を気軽に楽しむなら、誰のどの曲を聴けばいいのか。作曲家の数奇な人生や、楽曲をめぐる興味津々のエピソードを交えながら、初心者でもすんなりと魅力に触れることができる五十曲を紹介。

音楽を語る

W・フルトヴェングラー　門馬直美〔訳〕　46364-3

ドイツ古典派・ロマン派の交響曲、ワーグナーの楽劇に真骨頂を発揮した巨匠が追求した、音楽の神髄を克明に綴る。今なお指揮者の最高峰であり続ける演奏の理念。

西洋音楽史

パウル・ベッカー　河上徹太郎〔訳〕　46365-0

ギリシャ時代から二十世紀まで、雄大なる歴史を描き出した音楽史の名著。「形式」と「変容」を二大キーワードとして展開する議論は、今なお画期的かつ新鮮。クラシックファン必携の一冊。

「声」の資本主義　電話・ラジオ・蓄音機の社会史

吉見俊哉　41152-1

「声」を複製し消費する社会の中で、音響メディアはいかに形づくられ、また同時に、人々の身体感覚はいかに変容していったのか——草創期のメディア状況を活写し、聴覚文化研究の端緒を開いた先駆的名著。

ポップ中毒者の手記（約10年分）

川勝正幸　41194-1

昨年、急逝したポップ・カルチャーの牽引者の全貌を刻印する主著３冊を没後一年めに文庫化。86年から96年までのコラムを集成した本書は「渋谷系」生成の現場をとらえる稀有の名著。解説・小泉今日子

ポップ中毒者の手記２（その後の約5年分）

川勝正幸　41203-0

川勝正幸のライフワーク「ポップ中毒者」第二弾。一九九七年から二〇〇一年までのカルチャーコラムを集成。時代をつくりだした類例なき異才だけが書けた時代の証言。解説対談・横山剣×下井草秀

21世紀のポップ中毒者

川勝正幸　41217-7

９・11以降、二〇〇〇年代を覆った閉塞感の中で、パリやバンコクへと飛び、国内では菊地成孔のジャズや宮藤官九郎のドラマを追い続けたポップ中毒者シリーズ最終作。

憂鬱と官能を教えた学校 上 【バークリー・メソッド】によって俯瞰される20世紀商業音楽史 調律、調性および旋律・和声

菊地成孔／大谷能生 41016-6

二十世紀中盤、ポピュラー音楽家たちに普及した音楽理論「バークリー・メソッド」とは何か。音楽家兼批評家＝菊地成孔＋大谷能生が刺激的な講義を展開。上巻はメロディとコード進行に迫る。

憂鬱と官能を教えた学校 下 【バークリー・メソッド】によって俯瞰される20世紀商業音楽史 旋律・和声および律動

菊地成孔／大谷能生 41017-3

音楽家兼批評家＝菊地成孔＋大谷能生が、世界で最もメジャーな音楽理論を鋭く論じたベストセラー。下巻はリズム構造にメスが入る！　文庫版補講対談も収録。音楽理論の新たなる古典が誕生！

青春デンデケデケデケ

芦原すなお 40352-6

一九六五年の夏休み、ラジオから流れるベンチャーズのギターがぼくを変えた。“やーっぱりロックでなけらいかん”——誰もが通過する青春の輝かしい季節を描いた痛快小説。文藝賞・直木賞受賞。映画化原作。

カルテット！

鬼塚忠 41118-7

バイオリニストとして将来が有望視される中学生の開だが、その家族は崩壊寸前。そんな中、家族カルテットで演奏することになって……。家族、初恋、音楽を描いた、涙と感動の青春＆家族物語。映画化！

ラジオラジオラジオ！

加藤千恵 41680-9

わたしとトモは週に一度だけ、地元のラジオ番組でパーソナリティーになる——受験を目前に、それぞれの未来がすれちがっていく二人の女子高生の友情。新内眞衣（乃木坂46）さん感動！の青春小説。

歌え！多摩川高校合唱部

本田有明 41693-9

「先輩が作詞した課題曲を歌いたい」と願う弱小の合唱部に元気だけが取り柄の新入生が入ってきた——。ＮＨＫ全国学校音楽コンクールで初の全国大会の出場を果たした県立高校合唱部の奇跡の青春感動物語。